景观生态学案例分析

河流景观格局与生态脆弱性评价

主　编　刘铁冬　许大为

副主编　龚文峰

科学出版社

北　京

内 容 简 介

本书借助空间信息技术，以1980~2006年四期遥感数据为主要数据源，结合地形分析，从时间序列和空间尺度的角度，对研究区域的土地利用及其景观格局进行了深入分析。运用土地利用图谱模型对土地利用类型的数量变化、时空演变过程和空间转移规律进行了剖析。在此基础上，还对研究区域开展生态环境脆弱性的评价研究，探索生境脆弱生态区的生态恢复途径和方法，以期为研究区的生态保护和可持续发展提供理论基础和科学建议，对研究区域生态环境的恢复与重建、流域可持续发展等方面具有重要的战略意义。

本书适于风景园林学、生态学、森林经理学，以及相关学科的大专院校研究生及科研院所的科研人员使用。

图书在版编目（CIP）数据

景观生态学案例分析：河流景观格局与生态脆弱性评价 / 刘铁冬，许大为主编. —北京：科学出版社，2015.4

ISBN 978-7-03-043854-6

I.①景… Ⅱ.①刘…②许… Ⅲ①景观学–生态学–案例. Ⅳ. ①Q149

中国版本图书馆CIP数据核字(2015)第055139号

责任编辑：罗 静 王 好 / 责任校对：郑金红

责任印制：赵 博 / 封面设计：北京铭轩堂广告设计有限公司

科学出版社 出版

北京东黄城根北街16号

邮政编码：100717

http://www.sciencep.com

北京科印技术咨询服务有限公司数码印刷分部印刷

科学出版社发行 各地新华书店经销

*

2015年4月第 一 版 开本：720×1000 1/16

2018年1月第五次印刷 印张：11 1/4

字数：216 000

定价：68.00元

(如有印装质量问题，我社负责调换)

目　录

1 绪　　论

1.1 研究背景

生态环境是人类社会经济系统赖以生存的物质基础和实现可持续发展的重要保证，然而随着社会经济的发展、人类对自然资源的过度利用，使得许多生态系统出现退化，继而引发了一系列的生态环境问题，如水资源和能源短缺、水土流失、森林减少、环境污染、生物多样性丧失、土地荒漠化等。尤其是在生态环境脆弱的区域，沙化、石砾化、盐碱化、水土流失、肥力下降、干旱化、石质化、植被退化、土地适宜性降低、灾害频度和强度增加等问题更是日渐突出。这些不同类型的脆弱表现都是与人类生产生活活动及历史发展过程相互联系和相互作用的，最终在经济社会方面表现出的结果大体一致，即农业生产能力低、工业落后、经济贫困等。国家环保总局于 2006 年 6 月 5 日，即第三十五个世界环境日上，首次对外发布了《中国生态保护》白皮书，指出我国生态环境脆弱，其中生态环境脆弱区占国土面积的 60%以上，这些严重阻碍了我国实现可持续发展的进程[1]。

杂谷脑河位于岷江上游，是岷江上游重要的一级汇水河流之一。杂谷脑河地区植被多以高山暗针叶林为主，该区域森林资源极为丰富，是我国重要的用材林区，也是重要的水源涵养林区，更是目前“天然林资源保护工程”（以下简称“天保”工程）实施的主要区域之一，为我国岷江上游生态屏障的重要组成部分。

长期以来，该区域森林资源大规模开发利用，以云杉、冷杉为主要优势树种的原始暗针叶林被采伐，随后进行以云杉为主要树种的人工更新；同时，白桦等阔叶先锋树种的天然更新也普遍而大量地发生。20 世纪 80 年代以后，随着原始暗针叶林可采资源日趋减少，森林采伐量与更新面积也迅速下降。1998 年，天然林资源保护工程正式启动，川西森林全面禁伐封育。在经历大规模采伐、人工更新及禁伐封育后，高山景观格局都发生了深刻变化，原有天然林、不同恢复阶段的人工林、天然次生林共同形成了目前的林分镶嵌分布格局[2, 3]。

目前，杂谷脑河流域生态问题较为突出，主要问题总结如下。

1. 生态环境复杂、生态系统较为脆弱

杂谷脑河流域集中了资源丰富、环境复杂、生态脆弱等特点，受该地区地

质条件的影响，该区具有岩体破碎、地层复杂，地势相对高差悬殊、山体欠稳，地质基础弱、地震带活动频繁等特点。从而使该区生态环境极其脆弱，地震、滑坡、崩塌、泥石流等山地自然灾害频繁发生，是我国典型的山地型生态脆弱区之一[4, 5]。

2. 人为破坏严重、生态系统功能退化

随着杂谷脑河地区人口数量的增长和社会经济的发展，大量开矿、修路等人类活动也使得林地被大量侵占。长此以往，不合理的土地利用方式对该区生态系统造成了破坏，生态结构组成也发生了变化，天然林和高覆盖度草地急剧减少，生态环境质量下降，土地退化和沙化现象突出；同时，鼠害虫害对草地的威胁也随之加重，加剧了草地退化和沙化的速度。以上诸多问题的出现，加快了生态系统功能削弱、退化的速度[6]。

3. 落后的农业生产加速生态功能退化

杂谷脑河地区虽然农业开发历史悠久，但是由于地处偏远、自然条件恶劣，区内经济和文化发展水平低，农业生产较为原始和落后。

杂谷脑河流域为干旱河谷区域，地少人多。导致过度放牧、毁林开荒，草地、谷地开荒现象泛滥，除少部分辟为水平梯田外，大多为坡耕地，且多为 25°以上陡坡地。由于当地丢荒或炼山等粗放管理，水土流失也十分严重，既加剧了土壤退化与旱化，又使河谷生态环境更趋干旱，甚至迫使干旱河谷范围日益扩展[4]。随之带来了加快土壤沙化的速度、增加了滑坡和泥石流的风险、破坏了物种多样性的保持等诸多生态问题[7]。

1.2 相关概念的解释

1.2.1 景观

景观的定义可概括为狭义和广义两种。狭义景观是指几十千米至几百千米范围内，由不同生态系统类型所组成的异质性地理单元。而反映气候、地理、生物、经济、社会和文化综合特征的景观复合体称为区域，狭义景观和区域可统称为宏观景观。广义景观则指出现在从微观到宏观不同尺度上的，具有异质性或缀块性的空间单元。显然，广义景观概念强调空间异质性，其空间尺度则随研究对象、方法和目的而变化，而且它突出了生态学系统中多尺度和等级结构的特征[8]。

1.2.2 景观格局

景观格局通常是指景观的空间结构特征，它包括景观组成单元的类型、数目及空间分布与配置。现实中，景观格局往往是许多因素和过程共同作用的结果，故具有多层异质结构。在景观生态学中，常涉及多种生态学过程（关于事件或现象的发生、发展的动态特征），由于格局与过程往往是相互联系的，即景观格局影响着生态学过程，因此通过研究景观格局可以更好地理解生态学过程。

景观格局是景观异质性的具体表现，同时又是包括干扰在内的过重生态过程在不同尺度上作用的结果。景观镶嵌格局在所有尺度上都存在，且都是由斑块（patch）、廊道（corridor）和本底（matrix）三种景观元素构成，即所谓的斑块–廊道–本底模式。

景观格局作为景观生态学研究的基本内容，是景观生态学从理论研究深入到实际应用的新型产物，通过分析区域土地生态特征，以对它们进行判断、综合与评价，可以设计出与区域自然条件相协作的生产方式和生态结构，从而提出生态系统管理的途径与措施[9]。

景观格局主要研究群落斑块、景观要素、景观斑块等的空间变化规律及其影响因子，以及它们的生态关系。格局研究包括不同的尺度，如个体生长状况所造成的分布格局、植物种群对环境变化直接反应而产生的格局、植物间的相互关系或植物和动物间相互关系而产生的群落格局、多样的植被类型，以及分类单位在全球范围内的景观格局[10]。

景观格局，即大小和形状各异的景观要素在空间上的排列和组合，包括景观组成单元的类型、数目及空间分布与配置，一般是指空间格局。不同类型的斑块可在空间上呈随机型、均匀型和聚集型分布。景观格局是景观异质性的具体体现，又是各种生态过程在不同尺度上作用的结果。景观格局可以有规律地影响干扰的扩散、生物种的运动和分布，营养成分的水平流动及净初级生产力的形成等。景观单元间的空间组合对通过其中的生态流有重要的影响，如不同的景观单元对营养成分的滞留和转化有不同作用。景观作为一个整体，具有自身的格局和功能，格局和功能在外界干扰和景观内部各组成要素本身的自然演替作用下不断发展变化。景观格局是由景观中异质性景观要素的种类、数量、规模、形状及其空间分布模式决定的。景观异质性是产生景观格局的基础和主要原因，即景观异质性导致景观格局的存在，而景观格局是景观异质性的具体体现，它决定着资源和物理环境的分布形式和组分，并制约着各种景观生态过程。景观生态学注重研究景观空间格局的形成、动态及与生态学过程（如种群动态、动物行为、生物多样性、生态生理和生态系统过程等）的相互关系，这是景观生态学的显著特征之一[11]。

1.2.3 生态脆弱性

生态脆弱性研究涉及社会系统、自然生态系统和社会生态耦合系统三大类，由于各项研究背景不同，对其概念的理解各不相同 ，故脆弱性的概念较难明确[12, 13]。

本节脆弱性概念引用 IPCC 第三次评估报告：即系统容易受到气候变化造成的不良影响或者无法应对其不良影响的程度，是系统外在气候变化的特征、强度、速率、敏感性和适应性的函数，这是目前被广为接受的脆弱性定义[12]。

目前为止，多数学者认为脆弱性研究的基本内容包括系统变化的评估、系统响应变化的敏感性评价、变化对系统造成的潜在影响估测，以及系统对变化及其可能影响的适应性评价[12]。

生态脆弱性研究涉及诸多要素。首先是暴露，即系统接触外在气候变化的特征、强度和速率；其次是敏感性，是系统感受和响应气候变化直接或间接，有利或有害影响的难易和灵敏程度；再次是适应性，即自然或人类社会对已经或预期要发生的气候变化事件及其可能的影响采取适当的措施，从而趋利避害的能力和行为[12]。

1.3 相关研究现状及进展

1.3.1 景观格局研究

经查阅相关资料显示，国外关于景观格局的研究起步较早。Forman 等于 1979 年对美国新泽西州濒海平原松栋林景观组成与格局进行了研究，较为系统和全面地阐述和分析了这一地区景观格局的特点，并对景观管理和规划得出了一些有益的结论，在景观格局的研究中具有重要意义；Franklin 于 1987 年通过对天然林和施业林斑块规模、数量和分布的研究，曾先后提出了棋盘格式模型和集中与分散集合模型，更进一步说明在景观尺度上对景观格局及斑块特征进行深入研究，对提高森林经营水平，实现森林可持续经营具有重要的理论与实践意义；1988 年，Turner 等曾用 Markov 模型对美国佐治亚州的一个地区进行空间模拟，选择三个不同的时期，用各类镶嵌体的景观转化比例作为矩阵中的元素，以年为单位求得转移矩阵，最后预测出到 2000 年该地区的发展情况，此研究方法为研究人员提供了新的研究思路；1991 年，Ripple 等在研究俄勒冈州景观格局动态变化时引入了遥感技术，利用 Landsat 影像分析森林斑块大小、组成、结构等特征依权属变化趋势[13]。

景观格局研究是我国开展景观生态学研究较早的领域之一，研究工作也卓有成效。1990 年，肖笃宁等通过构造城市化指数评价区域的城市化进程趋势[11]；赵景柱建立了包括 13 个指标的景观生态格局动态度量指标体系[7]；1991 年，彭小麟提出景观格局中的边缘效应影响问题；徐化成等研究了大兴安岭原始兴安落叶松林区景观格局与动态，深入分析了该地区兴安落叶松种群时空格局和群落结构变化与林火干扰状况的相互关系[13]。1995 年，傅伯杰实现了景观多样性的空间制图；1996 年，曾辉等提出了人为影响指数[13]；减润国、王景伟等探讨了森林斑块动态与物种共存机制及森林生物多样性问题[14]。1999 年，郭晋平等设计了两种适用于 GIS 技术进行数据库管理及空间分析的样方取值方法，即基准面积法和样方斑块数法，还提出了景观要素空间关联指数；刘灿然等对北京地区的植被景观斑块特征等也都作了一些颇有意义的探索[15]。马克明等（1999，2000）对北京东灵山地区的景观格局格局、森林生物多样性、景观多样性进行了研究[16]；以郭晋平等为代表的课题组开展的国家自然科学基金课题“景观格局动态及其群落生态效应的研究”，首次对山西关帝山次生林景观恢复过程中景观格局动态及其群落生态效应进行了比较全面、系统和深入的研究，其研究成果《景观格局生态研究》也是我国景观格局生态研究领域的第一部专著；杨学军等基于生态系统和物种两个水平的条件性研究，尝试以 W 和 Z 两个指标对景观格局的生物多样性进行评价。王晓春、杨国婷等运用 GIS 技术分别对黑龙江和祁连山的景观格局格局进行了研究[17]；而曾宏达等则在运用 GIS 技术的基础之上采用了数字高程模型（digital elevation model，DEM）与统计学方法探讨了森林资源的空间格局。2005 年，汪永华对广州白云山风景区植被景观格局进行了探析；万荣荣以太湖流域为研究对象，从土地利用与景观格局变化规律方面进行了研究[17]；2006 年，刘京涛对岷江上游植被蒸散时空格局及模拟进行了研究；2007 年，邓向瑞、李娟娟等进行了景观格局尺度等方面的研究[13, 9]；2009 年，缪宁对川西亚高山林的空间格局进行了分析，揭示了部分格局变化规律；2010 年，张志明研究了 2D、3D 景观指数与景观格局的变化关系[18]；马燕飞等对青海湖北岸进行了景观格局的自相关分析[19]；王瑶对沂蒙山区土壤侵蚀垂直景观格局的分形特征进行了研究[20]；2011 年，宫兆宁等对北京湿地景观格局演变特征及驱动机制进行了研究；李玉凤等将景观格局的理论研究应用到了园林景观行业，取得了较好成果[21]；刘宇、傅伯杰和肖笃宁等对景观指数和地形因子等方面进行了较全面的研究与分析[16, 22]，以上研究都为我国在景观格局的研究奠定了坚实的基础。

在景观格局的研究中，最具发展潜力的是遥感技术（RS）和地理信息系统（GIS），遥感技术可以为景观生态学提供必需的基础数据资料，如空间位置、植被类型、土地利用状况、土壤类型等特征因子，这是景观生态学研究所必需的基本技术条件；而地理信息系统具有强大的空间数据管理、分析和显示功能，在景观格局分析和景观动态过程和模拟等应用方面具有重要的意义。2001 年，赵光等首次运用 RS 和 GIS 研究中国东北一原始针阔混交林的破碎过程；2009 年，赵冰、樊哲文等利用 GIS 对淮河等生态脆弱区进行了评价研究[23, 24]；2010 年，宋国利利用 RS 和 GIS 对湿地景观格局变化进行了研究[25]，这些成果充分展示了 RS 和 GIS 在景观格局生态学研究中的发展潜力和光明前景。

尽管我国的景观格局生态学研究发展迅速，但在研究的深度和广度上还存在一定差距[13]，将其概括为以下几个问题。

（1）研究技术手段相对落后。

（2）森林群落及生态系统研究基础仍显不足。

（3）研究方法尚待完善和普及。

（4）景观格局生态学研究案例和成果有限。

（5）景观格局生态模型研究有待加强。

1.3.2 生态脆弱性研究

对于生态脆弱的研究，国外起步较国内早，相关理论相对成熟。Smith 等认为脆弱性是暴露和适应性的函数；McCarthy 等认为脆弱性与暴露、敏感性和适应性能力有关；Metzger 等认为脆弱性是气候变化的潜在影响和适应性能力的函数，而潜在影响程度与系统的暴露及系统对变化的敏感性有关[12]。

国内脆弱性研究最早始于 20 世纪 80 年代对生态脆弱区域的识别，近 30 年来，脆弱性研究多从气候变化和社会经济入手，涉及农、林、牧、渔等生产部门[12, 17, 26, 27]，横跨资源和灾害两大领域，同时关注自然要素与人类要素，研究主要针对区域尺度展开[14, 17]。

国内学者在理论和实践上对生态脆弱性开展了大量的研究。首先，研究确定敏感性和不稳定性是生态脆弱地区最主要的特征，这对科学辨识生态脆弱地区具有重要的意义；其次，探讨了我国脆弱生态地区的成因及分布规律，并结合自然和人为因素划分生态脆弱区；再次，展开了针对北方农牧交错带、黄河流域脆弱带及南方红壤丘陵区等典型生态脆弱区的案例研究，并将研究对象逐步扩大到资源开发造成的生态脆弱区[12]。

《中国脆弱生态环境类型分布及其综合整治》系统总结了脆弱生态系统的特征、成因、分布、类型、演变规律及与社会经济的关系，并在此基础上提出了各脆弱区域的整治战略、措施和模式。近期，国内脆弱性研究逐步扩展到典型生态系统及其组分脆弱性的具体研究，如未来气候变化情景下中国生态系统脆弱性，陆地生态系统对全球变化敏感性，岷江上游地区及西藏“一江两河”地区生态脆弱性，农业生态系统及水稻等作物对气候变化的脆弱性等研究。另外，对脆弱性的纵向剖析也不断深入，出现了脆弱性机制的初步分析。叶正伟将淮河流域的生态脆弱性分为基底性脆弱、交错性脆弱、波动性脆弱、动态性脆弱和历史遗传性脆弱，张殿发等系统分析了土地荒漠化的环境脆弱性机制[12]。此外，研究也在不同的尺度上对人地系统适应性能力和策略开展了有益的探讨，如林冠慧等研究台湾地质灾害过后土地覆被及人类暴露程度、敏感性和适应性能力的变化，提出应在更小的社会与空间单元上建立和完善适应性的政策和策略[12]。

近 5 年，我国生态脆弱度研究的成果颇丰[28-32]；乔青于 2007 年进行了川滇农牧交错带的景观格局与生态脆弱度评价，提出了解决农牧交错带生态问题的若干建议[1, 33]；2008 年，蔡海生、余坤勇、赵冰、宋国利等充分利用 GIS 手段，对不同尺度的生态脆弱区进行了全面的分析[24, 25, 34, 35]；2009 年，孔博、王丽婧等分别对汶川灾区生态脆弱度进行了较全面地研究[13, 36]；2010 年，李红丽、付博、王丽婧等对干旱区、湿地等生态脆弱区进行了景观评价研究[27, 37, 38]；虽然，我国生态脆弱度研究取得部分成果，但是该领域研究仍有很多不足之处。例如，研究领域窄、研究方法、脆弱度驱动因子、中长期尺度适应能力研究不够等[39, 40, 41]。

综上所述，大量的林学、土壤学和生态学专家对川西亚高山林森林植物区系、植物群落结构与功能、森林水文、森林的采伐与经营、森林的更新、树木生长和森林凋落物、森林土壤等方面进行了大量的研究[5, 28, 40, 43, 44]，在种群、群落组织水平上，以植被、土壤、病虫害为指标，采用传统地面调查方法和处理手段研究其分布数量、多样性及其与环境之间关系，取得了许多突破性成果。然而，从宏观角度对杂谷脑河流域景观格局及脆弱度研究的报道少之甚少。

1.4 研究的目的与意义

1.4.1 研究的目的

近年来，人类活动和影响的区域逐渐变大，人类活动对生态环境的影响也日益强烈，人口、资源和环境问题日益成为人类生存所面临的严峻问题[4]。

在景观生态学研究领域，景观格局不仅能反映人类的干扰程度与土地利用变化结果，同时也是其社会、经济条件与自然条件相互作用地直接响应表现。人类通过土地利用这一干扰行为影响局地景观结构与功能这一过程，实质上就是适当增加局地景观异质性，促使其为人类提供产品和供应的生态系统的能力发生改变，加速其生态流的发生，从而获得更多的效益（生态流）。土地利用改变局地生态系统的结构与功能并不是一成不变的，在空间上呈多样化的表现形式（即土地利用类型），且具有独特的空间属性与变化特征的土地利用类型在局地景观中的分布与配置具有规律性，景观格局对自然、社会、经济和政策导向等因素的响应与景观间生态流的流动与交换。以景观几何特征为基础的景观格局指数可以有效地反映土地利用与景观结构、功能和动态间互为反馈这一过程[14, 17]。因此，分析景观格局特征，有利于更准确地分析导致土地利用变化的驱动力[45]，为土地利用变化预测及土地利用方式的选择提供依据，具有较高的理论与实用价值[11, 34, 39, 46]。

另外，随着全球变化影响研究的加强，特别是对于人类活动及人地关系研究的深入，生态脆弱度、脆弱度评价等方面的研究已受到越来越多的关注。20 世纪

60 年代的国际生物学计划、70 年代的人与生物圈计划及 80 年代开始的地圈、生物圈计划把生态脆弱度作为重要的研究领域。脆弱度研究已作为一项重要研究内容被许多国际性科学计划和机构提上研究日程，成为全球环境变化及可持续性科学领域关注的热点问题和重要的分析工具[26]。

本研究以期在实施天然林资源保护工程背景下，为杂谷脑河流域脆弱的景观格局恢复与重建提供依据，对保障区域生态安全和可持续发展对于区域的稳定和景观格局的维持、生物多样性保护及研究区域的社会经济的持续稳定发展具有重要作用和意义。同时，可为汶川地震后天然林的生态恢复提供一定的技术支持和技术指导。

1.4.2 研究的意义

杂谷脑河是岷江上游重要的水源地，而岷江上游是长江上游地区的生态环境屏障和西部生态环境建设的重点，也是我国生物多样性保护的重点区域，亦是生态脆弱区。由于自然、历史和人为干扰等多方面原因，杂谷脑河流域生态环境状况异常脆弱且日益严重，加之干旱河谷区营造林具有适宜造林期短、造林难度大、造林成本高、造林成活率低、补植补造工作量大、保存率差等特殊性，植被恢复异常困难，不仅给杂谷脑河流域地区人民生活、区域经济发展和社会稳定带来重大危害，而且面临着一系列生态安全威胁。近些年来随着社会的发展，该区域的经济活动日趋频繁，人类不合理的资源开发和利用方式的干扰活动的加剧，人口–资源–环境之间的矛盾日益突出，贫困与生态恶化的双重压力促使区域的生态脆弱程度正在进一步恶化，其生态状况不仅影响区域的可持续发展，制约了当地的经济发展，而且还危及到岷江流域的生态安全[4]。还会对岷江下游地区的生态安全带产生影响，因此开展研究区域生态脆弱度评价研究，以期为研究区的生态保护和可持续发展提供理论基础和科学建议，具有重要的科学价值，对岷江上游的生态建设也具有指导和现实意义。

因此，本研究借助现代遥感观测和 GIS 技术，研究杂谷脑河流域景观格局与生态脆弱度，以及自然、人类的作用对干旱河谷区生态环境的影响有着重要意义。研究和解决该地区生态问题、实现区域协调发展的关键，其结果具有理论和现实双重意义。首先，从区域的角度来看，它可以指导区域生态保护，为该区脆弱生态环境整治和资源的合理利用提供科学依据，促进生态保护和经济发展的统一，对于实现当地可持续发展、保障岷江中下游的生态安全具有现实意义；其次，由于土地利用/覆盖变化是全球变化的主要驱动力，杂谷脑河景观格局的动态变化研究可以为研究全球气候变化提供典型区域上的研究成果及理论参考价值[4]。

1.5 研究的主要内容

本文借助于三大空间信息技术：RS、GPS和GIS，以岷江上游杂谷脑河流域为研究对象，将土地利用景观变化和生态脆弱度评价作为本文的主要研究内容，通过对遥感数据Landsat TM和ETM（1980年、1992年、2001年和2006年）的处理和综合解译，结合数字高程模型（digital elevation model，DEM），从时间序列上和空间尺度上对研究区域的土地利用及其景观格局进行了深入分析，运用土地利用图谱模型对土地利用类型的数量变化、时空演变过程和空间转移规律进行了剖析。在此基础上，以促进生态脆弱区生态保护和可持续发展为研究目的，利用生态脆弱度综合评价方法与应用，完成对研究区域开展生态环境脆弱度的综合评价，探索生境脆弱区域的生态恢复途径和方法，探讨区域生境脆弱的保护对策和资源开发利用方式，以期实现区域生态环境的恢复、重建和可持续发展，主要研究包括以下内容。

1. 基于遥感图像的土地利用分类研究

遥感图像的分类是土地利用变化信息提取的基础和关键。通过对四期Landsat TM和ETM遥感图像的预处理、几何校正、辐射增强等一系列图像处理的基础上，建立研究区域的土地分类体系，利用遥感图像的解译标志和部分外业调查数据，采用最大似然法的监督分类完成对不同时期各土地利用类型的解译，在此基础上，完成对遥感图像的分类并提取土地利用信息，通过分类后数据修正、精度评估和综合处理，为在ArcGIS中绘制土地利用现状图并为下一步研究土地利用变化打下基础。

2. 区域土地利用变化分析的研究

在GIS技术的支持下，建立研究区域的土地利用变化数据库，通过对不同时期土地利用进行空间叠加分析，在获取土地利用变化的转移矩阵的基础上，并结合数字高程模型（DEM），利用单一土地利用动态度和综合土地利用动态度等数学模型来综合分析研究区域 1980~2006 年土地利用变化的数量特征、时空结构分异、其转化特征及在地形上的空间分异规律，全面定量分析土地利用的变化规律和空间变化趋势，进而揭示区域土地利用变化的内在机制。

3. 区域土地利用时空变化信息图谱研究

以地学信息图谱理论方法、地理信息系统时空复合体模型为依据，构建具有“时间–空间–属性–过程”一体化土地利用图谱单元。以 1980~2006 年四期土地利用空间数据为基础，通过土地利用图谱的重构和表达，完成不同时序单元、不同时间尺度下土地利用变化过程谱系化和动态化的研究，进一步深化挖掘土地利用变化内在规律，探索研究区土地利用的变化原因和过程。

4. 土地利用景观格局动态演变分析

利用景观生态学的原理和方法，结合 GIS 的基本理论及基本技术，在完成对区域土地利用变化研究的基础上，通过景观生态学中的空间定量指标分析研究各阶段主要景观结构及要素，从空间图形和空间格局的角度入手，探讨土地利用时空结构演变的格局、变化的图形特征，完成研究区域 1980~2006 年土地利用景观格局变化过程的分析，在此基础上，探讨不同颗粒度下景观格局粒度效应，并深入分析景观组分之间的动态变化，以揭示研究区土地利用景观镶嵌结构演变规律及其驱动因素。

5. 基于 GIS-CA-Markov 模型土地利用动态模拟与预测的研究

借助于 GIS 的强大空间分析功能，对 2001 年和 2006 年的数据进行空间叠加分析，进而获得 2001~2006 年的土地利用变化转移矩阵，选择自然、社会经济等指标，应用空间相关函数准确筛选主要影响因子，创建土地利用格局适宜性空间分布图谱，根据 CA-Markov 模型，采用数量变化预测与空间变化预测相结合的方法对研究区土地利用格局空间变化进行动态模拟预测，在此基础上，完成区域的土地利用终极状态预测，在一定程度上揭示土地利用变化的空间特征、时间动态及其驱动力，更好地预测未来土地利用变化的趋势，为研究区土地利用格局空间优化调控奠定基础。

6. 生态脆弱度评价方法与应用的研究

杂谷脑河流域作为岷江上游典型的山地生态脆弱环境，对其生态脆弱度进行评价具有现实意义。本部分主要构建生态脆弱度综合评价模型和评价指标体系，以生态敏感度、生态弹性度和生态压力度三个基本指数作为生态脆弱度评价的基本判定指标，深入开展研究区域生态脆弱度评价的区域实证研究，根据研究的需要，采用主成分分析和综合分析方法对评价指标分析及区域生态脆弱度特征综合评价，明确交错带内部脆弱程度的差异，揭示研究区域生态脆弱的成因，土地利用、植被生长和人类活动等角度探讨其形成机制，实现因地制宜地对该区域进行生态建设和合理的资源开发，以及提出科学合理的生态保护和整治策略，为制定区域发展规划等提供决策依据。

1.6 研究方法与技术路线

1.6.1 研究方法

杂谷脑河流域作为岷江上游的一级重要支流，该区域由于地质活动相对频繁，且地形地貌类型复杂多样，地形起伏较大，并且植被垂直分异明显，生物多样性丰富，形成了相对复杂多样的生态系统类型，是典型的山地生态脆弱区。因此，本文研究杂谷脑河流域的生态脆弱度，对保障区域生态安全和可持续发展对于区域的稳定和景观格局的维持、生物多样性保护及研究区域的社会经济的持续稳定发展具有重要作用和意义，主要采用系统分析和定量分析的方法，在研究土地利用动态演变的基础上，构建该区域脆弱度评价的根据定性与指标体系，对其作出客观定量评价，并提出不同生境脆弱区的资源利用和经济社会发展相应的整治对策。其研究方法主要包括：①数据收集与分析，利用实地调查并收集、查阅相关资料，全面获取研究区域的自然、人文、经济、社会等要素资料，在此基础上，构建有关信息数据库；②土地利用数据获取，建立研究区域的土地分类体系，利用遥感图像的解译标志和部分外业调查数据，采用最大似然法的监督分类完成对不同时期各土地利用类型的解译，并建立相应的土地利用数据库；③土地利用的时空演变，从时间序列上和空间尺度上对研究区域的土地利用及其景观格局进行了深入分析，运用土地利用图谱模型对土地利用类型的数量变化、时空演变过程和空间转移规律进行了剖析；④生态脆弱度评价，在 RS 和 GIS 的支持下，从土地利用、土壤类型、土壤有机质含量、气候变化、植被指数与植被覆盖度等多个角度出发，构建生态脆弱度的指数模型，分析评价该区域生态脆弱度，通过对典型生态脆弱区的深入剖析，探讨不同脆弱生态环境的保护对策和资源开发利用方式。

1.6.2 研究技术路线（图 1-1 和图 1-2）

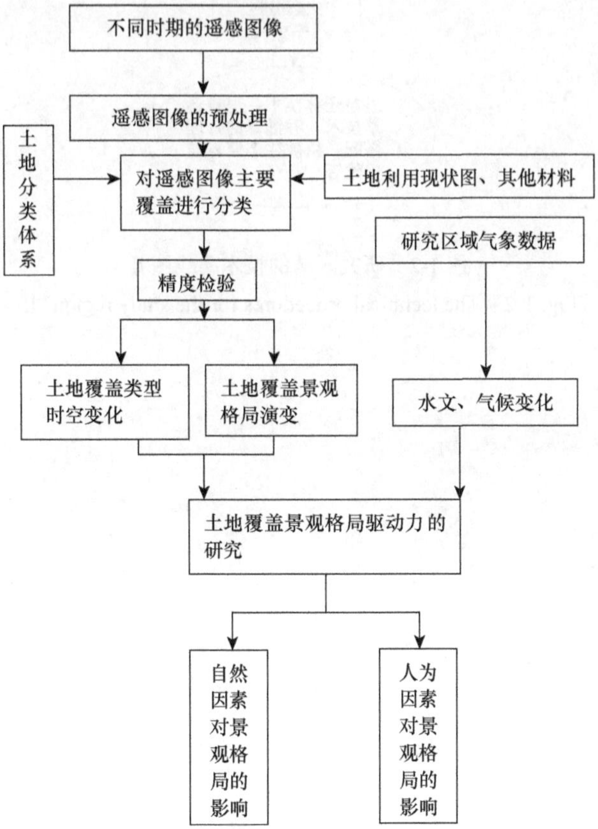

图 1-1 研究区域的技术路线图 I

Fig. 1-1 The technical procedures for the study region Ⅰ

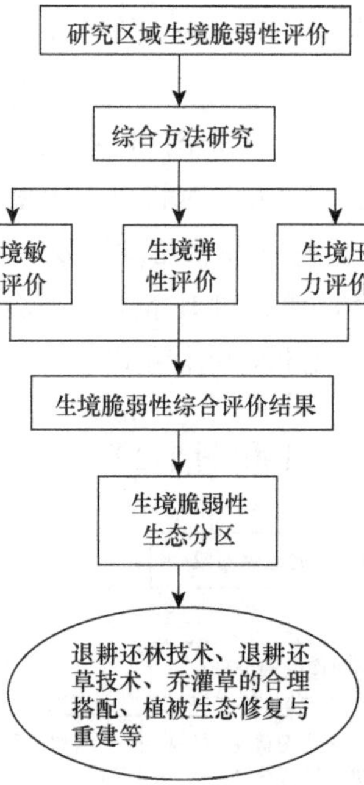

图 1-2　研究区域的技术路线图 II

Fig. 1-2　The technical procedures for the study region Ⅱ

2　研究区域概况

2.1 研究区域地理位置

研究区位于我国四川省理县地区（31°11′52″N~31°55′7″N，102°35′36″E~103°6′11″E）（图 2-1）。研究区面积 2179 km^2，海拔分布范围 2300~5600 m，该研究区属于青藏高原向四川盆地过渡的高山峡谷区，位于青藏高原东缘褶皱带最外缘部分，处于岷江水系的一级支流杂谷脑河汇水区。该区由于青藏高原的抬升，地质构造活动强烈，是典型的生态环境脆弱地带。该研究区海拔 2800 m 以下的区域仅占整个森林面积的 6.2%。平均坡度 27.2°，20°~40°的坡地占整个区域的 68.3%。该研究区的海拔、坡向和坡度分布充分体现了高山峡谷的地貌特点。

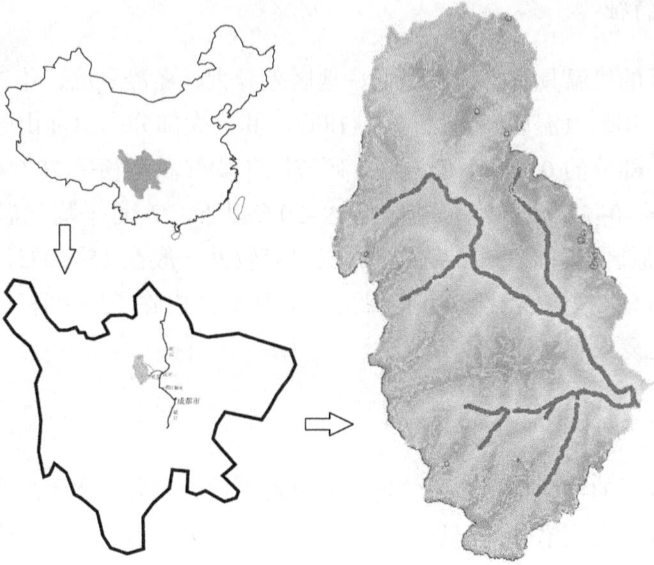

图 2-1　研究区域位置

Fig. 2-1　The location of study region

杂谷脑河是岷江上游的一级支流，发源于鹧鸪山脉，流经米亚罗、沙坝、朴头、理县、薛城等地，于汶川县汇入岷江。杂谷脑河干流河道长 168 km，天然落差约 3092 m，平均比降 18‰。杂谷脑河河道狭窄，水流湍急，水力资源十分丰富，水能资源理论蕴藏量达 85.6 万 kW·h，在四川省众多的中型河流中，是资源富集、开发条件较优的河流之一。

2.2 自 然 状 况

2.2.1 气候条件

本研究区域的气候主要是海拔地形作用的产物，以高原山地温带、寒温带季风气候为主，属于高原山地垂直体系。冬季受西北寒流影响，气候严寒；夏季受西南与东南湿热气候影响，由西北少雨干燥向东南逐渐变为湿润多雨，基本气候特点是气候寒冷、辐射强烈、高原气候特色明显；降水集中，干湿季节交替明显；受地形控制作用强烈，气候特征垂直分布现象显著，气候类型多样[47]。

1. 气温特征

本研究区的气温具有平均气温低、地区差异大、冬冷夏凉、年较差小、日较差大等特点。年均气温除河谷区在 6~18℃，其余大部分高原高山区均在 4℃以下，并且有小部分的 0℃以下低温区，研究区年均气温可相差 20℃以上。1 月平均气温河谷区 0~6℃，高海拔地区低达–10℃以下。7 月平均气温河谷地区为 14~22℃，高原区的气温在 12℃以下。气温年较差一般在 15~20℃，而气温日较差可达 10~16℃。按照候温标准划分四季，该研究区内除了局部谷底四季可分外，基本上常冬无夏，春秋连季[47]。

2. 气候特征的地带性分布

本研究区域的气候特征主要体现在垂直地带性的差异，水平地带性表现不为明显。由于地壳强烈抬升，河谷强烈下切，岭谷海拔悬殊，垂直地带性主要表现在河谷的垂直剖面上，由山顶到谷底也形成不同的气候类型。其中海拔 4000~4200m 或以下的谷地区，无霜期达 50~100 天或以上，高于 10℃积温在 1000~4000℃；海拔 4000~4200m 或以上的高山和高原地区，无霜期 100~150 天；海拔 5000m 以上地区则为终年霜冻地带。

2.2.2 水文状况

本研究区属于青藏高原气候区，受太平洋、印度洋及青藏高原三大气团影响，且该区属于干旱河谷区，年均降水量为 500~600 mm，年蒸发量为 1000~1500 mm，具有降水次数多、强度小的特点。整个林区有明显的干季和雨季之分，5~10 月降水总量占全年降水量的 75%~90%。雨季正值植物生长季节，温度适中，雨水分配均匀，十分有利于植物生长[47]。

2.2.3 地形地貌、土壤状况

岷江上游杂古脑河流域，在地貌上属于青藏高原的向东延伸部分；地貌主要表现为高山、高原地貌，其中又可以细分为丘状高原、山原、高山和极高山。

该研究区域土壤类型包括褐土、棕壤、暗棕壤、灌丛草甸土、草甸土、亚高山草甸土、高山草甸土和高山寒漠土，其中以山地褐土和棕壤为主。该区域土壤的基本特征为：①土层浅薄，厚度多在 30~50 cm，薄的仅 10~20 cm，甚至基岩裸露，目前该区基岩裸露率已达 10%以上；②土壤结构中砾石含量达 30%~50%，不利于土壤保蓄水分；③土壤贫瘠，营养先天缺少氮、磷，富积钙、钠和钾。

该区域成土母岩主要以千枚岩、板岩和白云岩等为主，层次疏松，易于风化和崩塌，土壤自低到高依次为棕壤（海拔 2700~3000 m）、暗棕壤（海拔 3300~3600 m）、棕色针叶林土（海拔 3600~3850 m）、亚高山草甸土（海拔 3850 m 以上）。其石砾、石块含量多、孔隙大、渗透性能强，土层较厚，地表凋落物较多[47]。

2.2.4 植被概况

川滇农牧交错带的典型植被是由云杉、冷杉、松等针叶树种所组成的纯林或者混交林，在海拔 4000~4200 m 树木线以上的植被类型为高山灌丛、高山草甸和甸状植被。由于区域内面积小、海拔高差大，植被类型的分布呈现出明显的垂直地带性，植被的垂直地带性则表现为植被类型随海拔出现明显的垂直带谱。南部的垂直带谱由下而上可概括为河谷、低山亚热带红壤（黄壤）常绿阔叶林带–山地暖温带红棕壤针阔混交林带–亚高山寒温带棕壤暗针叶林带–高山、高原亚寒带草甸土灌丛草甸带–高山、极高山永久冰雪带。

该研究区域处于我国东南湿润森林区向西北半干旱草原区的过渡地带，植被类型与所处的复杂自然条件相适应。以岷江冷杉（*Abies faxoniana*）、紫果云杉（*Picea purpurea*）为建群种组成的亚高山暗针叶林在本区占很大优势。此外，多种云杉及铁杉（*Tauga chinensis*）林的分布也较为普遍。在海拔 1300~2200 m 的河谷谷底至山谷坡面 300m 的范围内，分布着干旱河谷灌丛；海拔 1600~2000 m 的阴坡和河谷，为壳斗科的常绿种类、樟科树种及落叶栎（*Quercus* spp.）、槭树（*Acer* spp.）等均构成山地常绿阔叶与落叶阔叶混交林；海拔 2200 m~3800 m 地带为亚高山暗针叶林；海拔 3800 m 以上为高山草甸。

2.2.5 生态与环境状况

岷江上游从 1950 年到 1980 年，经过 30 年的采伐，累计消耗资源约 5000 万 m^3，岷江上游森林面积减少到 46.7 万 hm^2，森林覆盖率下降到 18.8%，森林蓄积量约余 1.05 亿 m^3，期间平均每年减少森林面积 0.9 万 hm^2、森林覆盖率 0.4%、森林蓄积量 320 万 m^3，递减速度超过之前的任何时间。20 世纪 80 年代后，随着对木材需求量的不断增加，对森林采取了掠夺式的砍伐，森林覆盖率下降至约 17%。到了 90 年代中后期，川西北的森林基本被砍光，森林面积减少至 27.8 万 hm^2，森林覆盖率下降到约 12%。1998 年洪水暴发以后，岷江上游的生态安全问题得到了重视，“天保”工程和退耕还林草工程相继实施，扭转了森林过度采伐和破坏的局面。

2.2.6 森林干扰的历史和现状

1. 森林干扰的历史

该研究区在 1950~1978 年几度遭受大规模的采伐，以冷杉为主要优势树种的原始暗针叶林被大面积采伐。伐区主要位于海拔 2800~3600 m 处，所形成的次生林主要分布在阴坡、半阴坡，采伐前是亚高山原始冷杉林的集中分布区。之后可采资源趋于枯竭，采伐量逐年减少，森林覆盖率一度下降到 10%左右。

随后进行了以云杉为主要树种的人工更新，同时，桦木等阔叶先锋树种的天然更新也普遍而大量的发生。1998 年，长江流域发生特大洪灾后，国家天然林资源保护和退耕还林工程相继在川西林区启动，对川西森林全面禁伐封育。这为该地区天然林的保护和退化森林生态系统的恢复带来了契机，目前该区森林处于全面的恢复演替阶段。米亚罗森林及其开发经营史，在整个川西亚高山林区都具有代表性。受 2008 年“5·12”汶川大地震的波及，该研究区的局部植被稀疏地段出现了滑坡、坍塌、泥石流等灾害，造成了一定程度的植被退化。然而，大多被茂密森林覆盖的区域则仅受到部分轻微影响。震后当地实行恢复生产自救，在恢复重建过程中人们为了获取房屋和其他建设用材，对该区森林（主要为人工林）进行了一定强度和范围的采伐。樵采、放牧、挖采药材和采集食用真菌等低强度的人为干扰外方式也较为持续和普遍。另外，中老龄岷江冷杉常发生真菌感染而导致心材腐烂，残留的岷江冷杉林正因为林木病腐率高而缺乏采伐价值得以保留[47]。

2. 森林现状

该研究区的原始林遭到了严重破坏，未受破坏的原始林所剩不多，一般分布在较高海拔的山脊、沟尾、林线及地势险要处，作为“种子林”、“保安林”未采伐而保留下来。目前主要有原始林、天然次生林、人工纯林、人工林和自然演替镶嵌等类型，这些类型镶嵌分布，形成了破碎化程度较高的景观格局。自然恢复的森林植被多为桦木次生林，常在阴坡或半阴坡立地条件较好的地段发育，这种地段采伐前多分布有岷江冷杉林。桦木林内常有粗枝云杉和（或）岷江冷杉等针叶树，混生而形成次生针阔混交林。随次生针阔混交林的不同地带和起源，其针叶树所占比例各异。1955 年后，在采伐迹地上以粗枝云杉为主陆续营造了大面积的人工纯林。人工林主要为粗枝云杉林，粗枝云杉在林分中占绝对优势。前期人工更新多用当地种源，20 世纪 90 年代以后，虽调用了部分外地种源，但主要是四川西部亚高山地带的原生云杉属（*Picea*）种类。云杉的种植面积和海拔高度分布均远远超过了云杉的天然分布范围。除粗枝云杉外，米亚罗地区还引种了少量日本落叶松（*Larix leptolepis*），目前在海拔 3100 m 左右的原岷江冷杉林或混交林迹地上种植的小片试验林生长良好。人工林和自然演替的镶嵌类型指，当初在采伐迹地种植了粗枝云杉，但后期没有按人工林进行抚育管护，任其自然发育形成的针阔混交林，其特点是人工栽植的幼树和演替初期灌丛及阔叶先锋种共同占据迹地[10]。

2.3 社会和经济的发展状况

2.3.1 社会的发展状况

杂谷脑河流域是藏族、羌族、回族及汉族等多个民族聚集区，是历史上一条民族迁徙的“走廊”和交汇地带，85%以上的农村劳动力从事农牧业，也是典型的“老、少、边、穷”地区。杂谷脑河流域的土地利用方式主要以传统的林业和牧业为主，该区耕地主要以坡耕地为主，随着人口的逐年增加，为了获得暂时的粮食和薪柴等资源，坡耕地愈开愈多，山地垦殖率也由新中国成立初的4%~5%增加到20世纪80年代的15%~25%。坡耕地也愈开愈陡，坡度在15°~25°的耕地占耕地总面积的 34.12%，而且坡度≥15°耕地中梯田所占的比重几乎为零，可见农业生产的落后之处。

2.3.2 经济发展状况

本区由于自然条件、民族文化、社会历史和交通地理等方面的特殊性，经济发展一直处于相对落后的状态。新中国成立以前，在所有少数民族地区，基本上是广种薄收、轮歇丢荒的粗放种植业和完全依赖天然草场的游牧畜牧业，几乎没有现代工业和运输业，仅有的一点手工业也极其简陋。新中国成立以后至现在，经过多年的发展，本区内的工农业均有了相对快速的发展。目前，本区内的经济结构仍是以农业生产为主，工业基础相对薄弱，第三产业特别是近几年的旅游业在此地区发展比较迅速。

3　研究方法与数据处理

3.1 遥感数据处理

3.1.1 数据来源

陆地卫星 Landsat TM 遥感数据是现阶段进行区域土地利用/覆盖变化定量研究的可行方法[48, 49]。但在遥感图像的季相选择上，既要注意图像覆盖区域内遥感信息获取瞬间图像本身的质量，又必须顾及不同区域的时效性季相差异选择，以满足瞬时状态下最大限度地使图像上尽可能丰富地反映地表信息的要求[50]。为此，本研究影像选取的采集时间主要集中在 7~10 月，主要数据源为：美国 Landsat 卫星 1980 年 7 月（MSS，60 m×60 m）、1992 年 9 月（TM，30 m×30 m）、2000 年 8 月（ETM+，15 m×15 m）和 2007 年 9 月（TM，30m×30m）四期遥感影像。同时还收集地形图、植被分布图、研究区域的林相图、地质图、水文地质图、地貌类型图、土壤类型图、土地利用现状图等各种专题图件，以及气象数据、部分统计年鉴、一些研究区域基本情况的文字资料和时间跨度上土地利用变化的文字及图件资料，这些资料均作为遥感信息解译的辅助信息。

3.1.2 遥感图像处理

1. 几何校正

在遥感图像形成过程中，由于传感器高度和姿势角变化、大气散射、地球曲率、地球自转、地形起伏等诸多因素的影响，使图像存在一定的几何畸变和辐射失真现象，使用前必须消除[51, 52]。中国遥感卫星地面站进行过辐射校正和几何粗校正，所以只需进行以地面控制点为依据的几何精校正和配准。几何校正的目的在于经过运算处理，把处于两个坐标空间的原图像变换到一个新的图像坐标空间，使遥感图像得到归正的某种投影图，以适应资源和环境调查的测量、定位及各种图像复合的需要。

研究中采用几何精校正，通过校正函数的选择、地面控制点（GCP）选取、坐标变换、像元重采样等步骤将研究区内采集的图像校正到以地形图为基准的投影坐标系统中，并采用平面直角坐标系，与地面参考资料相一致。在应用中，多选择三次多项式进行纠正，其转换模式：

$$X = F_x(u,v) = \sum_{i=0}^{n}\sum_{j=0}^{n-i} a_{ij}u^i v^j$$
$$Y = F_y(u,v) = \sum_{i=0}^{n}\sum_{j=0}^{n-i} b_{ij}u^i v^j \qquad (3\text{-}1)$$

式中，X，Y 为待校正图像上的像元坐标；F_x、F_y 为重采样校正畸变函数；u，v 为校正图像空间中每个待输出像元点的位置；a_{ij}、b_{ij} 为待定系数，是利用地面控制点的待校正图像坐标和参考坐标系中的坐标（如地形图中的坐标），按最小二乘法求解的多项式系数；n 为多项式的阶数。

合理选取控制点是达到高精度几何校正的另一关键，应选取地物明显的点作为控制点，如桥头、公路交叉点、河流分叉处等，对地面控制点的选择越准确越好，并尽可能满幅均匀分布，控制点的最小个数（n+1）×（n+2）/2，n 为多项式次数。

本文以地形图（1∶50 000）为基准，以 2001 年 Landsat ETM+遥感影像为主要数据源，ETM+影像景号为 130/38，并在地形图上选取明显地物点作为地面控制点，本文取值为 3 但实际应用中控制点的数量应远远多于最低数，以提高影像校正精度，因此选取 40~50 个控制点，这些点在图像上应均匀分布在遥感图像上，采用二次多项式及三次立方卷积插值法对两景影像进行几何纠正，通过遥感软件 ERDAS IMAGE 9.2 对其完成几何校正，几何精校正误差要达到 RMS 小于 0.5 个像元的精度要求，从而得到带有大地坐标的影像。

2. 最佳波段选择

通常波段的选择应遵循 3 个原则：①所选波段的波段信息量最大；②波段间的相关性要小；③波段组合对研究地物类型的光谱差异要大[53]。必须同时考虑方差要大而相关性要小这两个条件[54]。因此，最佳波段选择的主要方法有：熵与联合熵、最佳指数法、方差–协方差矩阵特征值法等。因此本文在对遥感数据进行统计特征分析、各波段数据的相关分析及最佳指数分析的基础上，通过最佳指数的方法选择最佳波段。

3. 最佳指数计算

最佳指数（OIF）由美国查维茨提出，计算方差简单，易于操作。其理论依据是：图像数据的标准差越大，所包含的信息量越多，而波段的相关系数越小，表明各波段的图像数据独立性也就越高，信息的冗余度也就越小[55]。其公式：

$$OIF = \sum_{i=1}^{3} S_i \Big/ \sum_{j=1}^{3} \left| R_{ij} \right| \tag{3-2}$$

式中，S 为第 i 个波段的标准差；R 为第 i，第 j 两个波段的相关系数。

OIF 值越大说明波段间的相关性越小，3 个波段所包含的信息量越大。利用上述计算得到各种组合的 OIF 值，其计算结果如下。

表 3-1 各波段的OIF值

Tab. 3-1 The OIF value of each band

波段组合数	OIF 值	波段组合数	OIF 值	波段组合数	OIF 值	波段组合数	OIF 值
123	43.353	135	50.481	234	56.254	257	41.357
124	61.301	137	43.693	235	46.405	345	61.473
125	49.036	145	61.413	237	43.492	347	55.882
127	44.409	147	57.532	245	59.038	357	41.703
134	60. 695	157	43.798	247	56.511	457	48.863

从表 3-1 中可以发现 TM124，TM134，TM145，TM245 及 TM345 的 OIF 值较大，由于 TM4 波段的亮度覆盖范围最大，在波段的组合中应包含 TM4 波段。通过计算可知 TM1，TM2，TM3 及 TM5，TM7 的相关性比较强，同时 TM4 波段具有很强的独立性。结合 TM 自身各波段的特点，在提取研究区土地利用信息时选取 TM3，TM4，TM5 波段为最佳波段组合。

4. 图像融合

图像融合作为提高图像空间分辨率的一种手段，常被用于高低空间分辨率图像数据的融合。融合的目的是通过综合不同数据所含信息优势或互补性，得到最优化的信息，以减少或抑制对被感知对象或环境解译中可能存在的多义性、不完全性、不确定性和误差，最大限度地利用各种信息源提供的信息[56-58]。最典型的应用是高分辨率全色图像与低分辨率多光谱图像数据的融合，既保留了多光谱图像的较高光谱分辨率，又保留了全色图像的高空间分辨率，可以更好地显示地物信息。本文研究区的 Landsat ETM+全色波段和多光谱波段进行数据融合，得到既具有丰富光谱信息又具有高分辨率的遥感影像。

本文采用 SFIM 变换（smoothing filter-based intensity modulation），即基于平滑滤波亮度变换[59]。该融合算法公式如下：

$$IMAGE_{\mathrm{SFIM}} = \frac{IMAGE_{\mathrm{low}} \times IMAGE_{\mathrm{high}}}{IMAGE_{\mathrm{mean}}} \tag{3-3}$$

式中，$IMAGE_{\mathrm{low}}$ 表示低分辨率的图像，一般多为多光谱数据；$IMAGE_{\mathrm{high}}$ 表示高分辨率的图像；$IMAGE_{\mathrm{mean}}$ 是高分辨率图像经过均值滤波处理后的模拟低分辨率图像。

SFIM 算法可被视为在低分辨率的影像中仅直接引入了高分辨率影像的结构纹理特征，从而能够很好地保持原低分辨率影像的光谱特征。SFIM 变换对于图像配准误差非常敏感，但对于来自同一传感器系统的高分辨率全色图像与多光谱图像，如 SPOT 的全色波段与多光潜波段等数据，ETM+的全色波段与多光谱波段，它们获取时间一致且无需配准，不存在配准误差，可以避免上述缺点[60]。该融合算法在 ERDAS IMAGINE 的空间建模模块中实现。

5. 遥感图像的自动匹配

遥感（RS）影像的高精度的精纠正，是遥感影像定量化最直接的重要途径。由于遥感影像比例尺很小，很难在地形图上找到同名位置点，加之地图变形和人为的辨认误差，这样读取的控制点不仅精度很低，而且效率也非常低。因此，本文通过 ERDAS IMAGINE 的 Autosync 模块，利用经过几何精校正和已经做过了融合处理的 2001 年的 Landsat ETM+多光谱卫星影像作为参考图像，完成对 1980 年、1992 年和 2006 年的遥感数据的地理坐标匹配和边缘匹配，其他三景遥感图像分别配准到 2001 年相应的图像空间上，从而保证了多个时相遥感数据高精度配准，减少因错位而造成的伪变化。

6. 图像的裁剪

在实际工作利用 ERDAS IMAGINE 实现图像分幅裁剪的过程中，将图像分幅裁剪分为规则和不规则分幅裁剪。规则分幅裁剪是指裁剪图像的边界范围是一个矩形，通过左上角和右下角两点的坐标来确定图像的裁剪位置，裁剪过程比较简单；不规则分幅裁剪是指裁剪图像的边界是个任意多边形，但必须事先生成一个完整的闭合多边形区域，可以是一个 AOI 多边形，也可以是 ARC/INFO 的一个 Polygon Coverage，针对不同的情况采用不同裁剪过程。本文根据研究区域边界，在 ARC/INFO 生成 Polygon Coverage 格式，在 ERDAS IMAGINE 中转换为 img 的格式，利用 Mask 对遥感图像进行掩膜处理，已完成对研究区域的遥感图像规则分幅裁剪，进而获取研究区域的遥感影像。

3.2 土地分类体系的建立

3.2.1 土地分类体系

土地利用分类的主要依据是土地用途、土地经营方式、土地利用方式和土地覆盖特征等，强调的是表示与土地相结合的人类活动而产生的不同利用方式[50]。土地利用类型的划分是指对现有土地利用现状，根据其利用的方式、结构及其功能特征的相似性与差异性而进行土地资源的类型分类和分级。土地利用的分类系统是土地利用研究的先决条件[61]，因此，本文分类系统采用国家科技部“九五”科技攻关课题“国家级基本资源与环境遥感动态信息服务体系的建立”及科学院知识创新工程重大项目“国土环境遥感时空信息分析与数字地球相关理论技术预研究”项目分类标准，将研究区域的土地利用 7 种一级土地利用类型和 7 种二级土地利用类型，一级土地利用分别为：耕地、林地、草地、水域、居民工矿用地、未利用地和灌木林地，其中耕地主要为耕地和部分弃耕地，林地主要包括有林地、疏林地和其他林地，草地包括牧草地、高山草甸、草地，居民工矿用地主要指居民点，水域用地包括河流河流、湖泊、积雪，未利用地包括河漫滩、荒山荒地、难利用地、裸崖地和迹地等，灌木林地主要包括高山灌木、一般灌木、灌丛和森林经过采伐后形成的次生植被，其二级土地利用主要根据植被类型来划分，共分为：针叶林、针阔混交林、落叶阔叶林、灌丛、草地、农用地和非植被景观。

3.2.2 土地判读解译标志

遥感图像上能够帮助解译者识别目标地物的各种特征称为解译标志。解译标志是遥感图像上能直接反映和判别地物或现象的影像特征[62]，解译标志的建立是土地利用解译的前提条件，在遥感图解译中，主要的解译标志有：形状特征、大小特征、色调、阴影、纹理特征、位置布局特征和活动特征等，其中形状、大小、色调、阴影是地物属性在影像上的直接反映，称为直接特征。纹理特征、位置布局特征和活动特征是被分析对象与周围环境在影像上的综合表现，称为间接特征[63]。结合研究区域提供的野外实地观测资料，参照根据图像的土地利用分类体系，参考研究区域土地利用现状图和其他土地利用资料，在充分了解地面覆盖物类别属性的基础上，并辅助于地物的自然属性和判读特征及其他辅助资料，建立了本研究区域的遥感图像解译标志。

3.3 遥感图像分类

遥感图像分类，实际就是将图像中的每个像元点或区域归属于若干类中的一类，或若干专题要素中的一种，即完成将图像数据从灰度空间转换到目标模式空间的工作。遥感图像分类中的特征就是能够反映地物光谱信息和空间信息并用于遥感图像分类处理的变量，并选择特征参数，将图像中的各个像元划归到各个子空间。因此，参照研究区的林相图、地形图、土地利用类型图，利用研究区域提供的 GPS 外业调查点并建立判读解译标志（图 3-1），把 GPS 坐标标示点以自动标注的形式显示在视窗上，利用 AOI 工具选取训练模板，对图像进行分类，对训练模板的可能性矩阵进行评价，选择叠加规则为 Parametric Rule，参数规则为 Maximum Likelihood，以像元总数为评价输出统计，对分类模板精度进行评价，评价结果满足实际分类的需要。

3.3.1 分类模板评价

将地面调查样点的 GPS 测点坐标与植被类型以自动标注的形式显示在视窗上，利用 AOI 工具选取训练模板，根据研究需要图像进行分类，对训练模板的可能性矩阵进行评价，选择叠加规则为 Parametric Rule，参数规则为 Maximum Likelihood，以像元总数为评价输出统计，对相元的分类模板精度进行评价，评价结果满足需要。

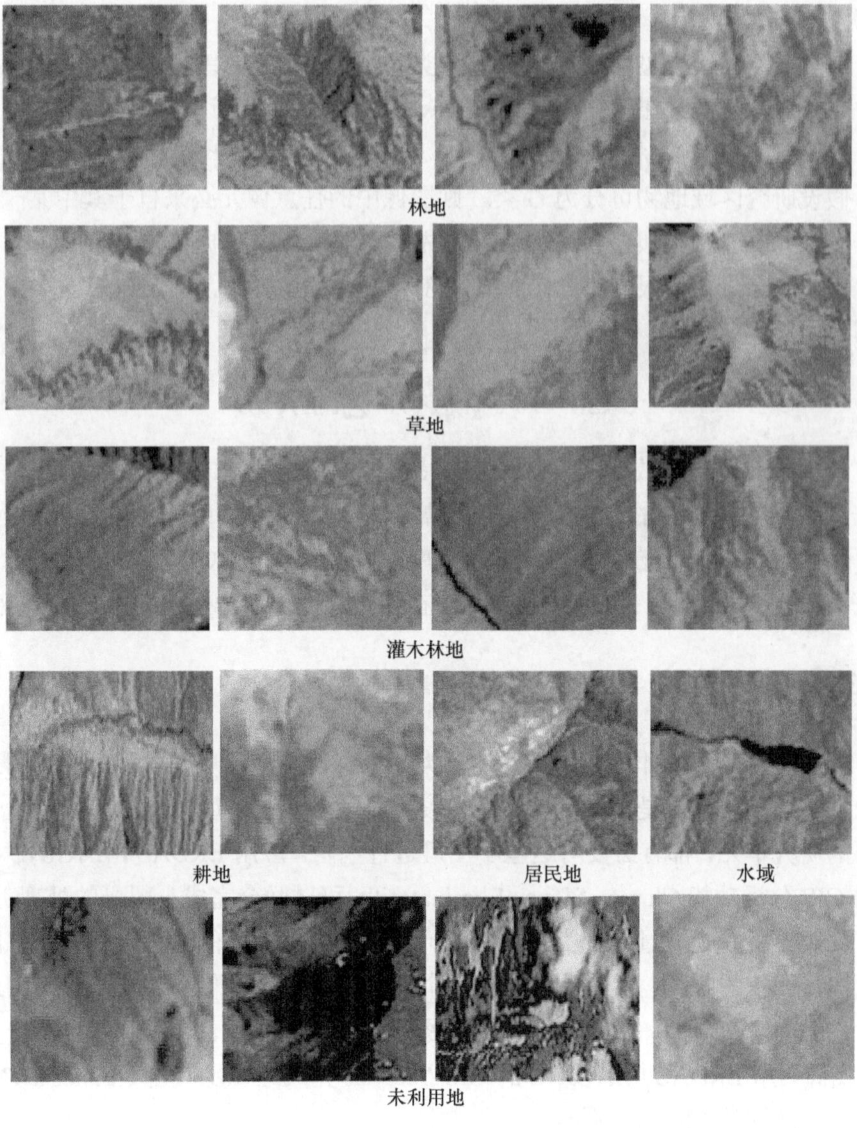

图 3-1 ETM+影像判读解译标志

Fig. 3-1 The translation samples of RS ETM+ image

3.3.2 分类方法选择

本文选用最大似然比分类法（maximum likelihood classifier）完成对研究区域

遥感图像的处理。

最大似然法又称贝叶斯（Bayes）分类法，首先假定训练样本数据在光谱空间的分布是服从正态分布规律，根据 Bayes 判别准则，通过计算像元属于各类的概率（也称归属概率），将像元归属于概率最大的一组进行分类。

假设研究区域地物可分为 G 类，则图像中的任意像元必来自于其中某一类。对任一像元 X，根据贝叶斯分类法，首先假定训练样本数据在光谱空间的分布是服从正态分布规律，根据贝叶斯公式，在 X 出现的条件下，其归属第 g 类的归属概率：

$$P(g / X) = [P_g f_g(X)] / \sum_{i=1}^{G}[P_i f_i(X)] \tag{3-4}$$

式中，X 为像元观测数据，它是待分类特征变量观测值组成的列向量；P（g/X）为像元 X 属于 g 类别的最大似然度（归属概率）；P_g 为像元 X 归属 g 类的先验概率；f_g（X）为像元 X 在第 g 类的概率密度；P_i 为各类别 i（i=1，2，…，G）的先验概率，一般假定相等；f_i（X）为像元 X 在各类别 i（i=1，2，…，G）的概率密度。

3.3.3 分类后处理

应用监督分类或非监督分类时，分类结果中都会产生一些面积很小的图斑。无论从制图的角度还是从实际应用的角度、土地利用的角度出发，都要定义一个最小的研究单元，都有必要对这些小图斑进行剔除。应用 ERDAS IMAGINE 系统中的 GIS 分析功能 Clump、Sieve、Eliminate 等，可以联合完成小图斑的处理工作。

聚类分析：是通过对分类专题图像计算每个分类图斑的面积、记录相邻区域最大图斑面积的分类值等操作，产生一个 Clump 类组输出图像，其中每个图斑都包含 Clump 类组属性。Clump 类组输出图像是一个中间文件，用于进行下一步处理。我们利用 ERDAS IMAGINE 的 GIS Analysis 完成这一步，生成 Landsat TM 数据分类专题图的 Clump 文件。

去除分析：去除分析是用于删除原始分类图像中的小图斑或 Clump 聚类图像中的小 Clump 类值。Eliminate 将删除的小图斑合并到相邻的最大分类当中，而且，如果输入图像是 Clump 聚类图像的话，通过 Eliminate 处理后，将分类图斑的属性值自动恢复为 Clump 处理前的原始分类编码。显然，Eliminate 处理后的输出图像是简化了的分类图像。根据数据特点，将最小图斑大小（minimum size）设为 2

个像元。

3.3.4 分类结果的精度评价

遥感图像分类精度评价是指分类结果图像与标准数据、图件或地面实测值进行比较，以正确分类的百分比来确定分类的准确程度[64]。分类结果的精度评价是进行土地利用/覆盖动态监测的重要一步，也是分类结果是否可用的一种度量[65]。精度评价中，多采用抽样方式以部分像元或部分类别代替整幅图像来进行图像的精度评价。常用的精度评价方法有混淆矩阵方法和 Kappa 分析方法。其中基于混淆矩阵常被用来检验遥感分类精度的统计参数有：总体精度（overall accuracy）、使用者精度（user's accuracy）、生产者精度（producer's accuracy）、Kappa 系数。上述各种统计参数的数学表达式如下（表 3-2）。

混淆矩阵是由 *n* 行 *n* 列组成的矩阵，其中 *n* 代表类别的数量。

表 3-2 精度评估表

Tab. 3-2 Accuracy evaluation

		被评估图像					
		1	2	3	…	n	
参考图	1	P_{11}	P_{12}	P_{13}	…	P_{1n}	P_{1+}
	2	P_{21}	P_{22}	P_{23}	…	P_{2n}	P_{2+}
	3	P_{31}	P_{32}	P_{33}	…	P_{3n}	P_{3+}
	⋮	⋮	⋮	⋮		⋮	⋮
	n	P_{n1}	P_{i2}	P_{i3}	…	P_{nn}	P_{n+}
		P_{+1}	P_{+2}	P_{+3}	…	P_{+n}	P

其中，P_{ij} 是参考数据类型中第 i 类和分类类型第 j 类所占的组成成分，是正确分类的像元数量。$p_{i+}=\sum_{i=1}^{n}p_{ij}$ 为参考数据的第 i 类的总数量；$p_{+j}=\sum_{j=1}^{n}p_{ij}$ 为分类所得到的第 j 类的总数量；P 为样本总数。

$$\text{总体精度}=p_c=\sum_{k=1}^{n}p_{kk}\Big/p \tag{3-5}$$

$$使用者精度 = p_{ui} = p_{ii} / p_{i+} \tag{3-6}$$

$$制图精度 = p_{Aj} = p_{jj} / p_{+j} \tag{3-7}$$

$$K_{hat} = \frac{N\sum_{i=1}^{r} x_{ii} - \sum_{i=1}^{r}(x_{i+} \times x_{+i})}{N^2 - \sum_{i=1}^{r}(x_{i+} \times x_{+i})} \tag{3-8}$$

式中，r 是误差矩阵中总列数（总的类别数）；x_{ii} 是误差矩阵中第 i 行和 j 列上像元数量（正确分类的数目）；x_{i+}和 x_{+i} 是 i 行和 j 列的总像元数；N 是总的用于精度评估的像元数量。

K_{hat} 既考虑到了对角线上被正确分类的像元，又考虑了不在对角线上的各种漏分和错误误差。

总体精度表示分类图的分类结果与地面对应区域的实际类型相一致的概率。制图精度和用户精度对应的漏分误差和错分误差。漏分误差表示实际的某一类地物有多少被错误的分到其他类别；错分误差显示图像中被划为某一类地物实际上有多少应该是别的类别。总体精度与 Kappa 系数的区别在于总体精度只用到了位于对角线上的像元数量；而 Kappa 系数既考虑了对角线上被正确分类的像元，又考虑了不在对角线上各种漏分和错分误差。

本次分类结果的精度评价主要参考研究区域土地利用现状图、林相图，同时结合研究区域提供野外实地调查数据、二类清查数据、小班调查卡等数据和目视解译的方法对该时相的分类结果进行精度验证（表 3-3），2001 年遥感分类结果的总体精度和使用者精度均在 80%以上，其中居民地、水域的制图精度均在 90%以上，居民地和草地的使用精度也均在 90%以上，总体精度为 86.67%，并随机分别抽样了 300 个点，每种土地类型至少抽样 20 个点（水域除外），Kappa 系数为 85.19%，本次遥感数据分类结果均比较理想。而对于 2006 年的遥感分类结果图像接参照 2001 年研究区域土地利用现状图、野外实地调查数据和原始图像进行精度验证，其总体分类精度为 85.61%，Kappa 系数为 84.02%，对于 1980 年和 1992 年的遥感分类结果图像而言，由于缺乏同期的地面实测数据，我们首先利用目视判读的方法在原始图像上找出未发生变化的区域，然后对这些区域进行随机抽样，并辅以 2001 年的土地利用现状图和野外实地调查数据为参考进行精度评价，其中总体分类精度分别为 82.31%（1980）和 84.63%（1992），得到 Kappa 系数分别为 80.03%（1980）和 82.10%（1992），Kappa 系数也都在 0.8 以上，达到了变化检测的最低允许精度 0.7[66]，总体上每景图像的分类结果较为理想，2001 年的分类精度最好，其次是 2006 年，1980 年的分类结果的精度稍微差一些。但是在分类的过程中，疏林地和灌木林地的混淆程度比较严重，由于受到地形、坡向和坡度等因素的影响，受到影像空间分辨率的限制，造成类型的错分和漏分现象，主要是郁闭度较小的疏林地被划分为灌木林地，故在一定程度上造成林地面积减少，灌木林地面积增加。

表 3-3　2001 年研究区域ETM+遥感图像分类结果误差矩阵和精度评价

Tab. 3-3　The result of accuracy evaluation of classification based on ETM+ image of study region in 2001

	遥感分类数据								
据验证数据	居民地	耕地	林地	水域	灌木林地	未利用地	草地	行合计	使用精度
居民地	23	1	1					25	92.00%
耕地	2	25	1	1		1	1	31	80.65%
林地		1	57	0	4	1	1	64	89.06%
水域		1	1	14			1	17	82.35%
灌木林地			6		50	2	1	59	84.75%
未利用地		1	1		1	42	2	47	89.36%
草地		1	1		1	2	52	57	91.23%
列合计	25	30	68	15	56	48	58	300	
制图精度	92.00%	83.33%	83.82%	93.33%	89.29%	87.50%	89.66%		
总体精度=87.67%，Kappa=85.19%									

3.4　数字高程模型

研究区内海拔高差大，地貌类型多样，垂直地带性明显，气候类型和地貌类型复杂多样，自然地理条件极其复杂[1]。这些因素限制着该地区的人类活动和农牧业生产，影响着土地利用在空间上的分布规律和变化规律，形成了特定的土地利用格局并具有其独特的时空变化规律。因此，以研究区的 DEM 数据为基础，分别提取海拔、坡度和坡向等地形信息，探讨土地利用/覆盖格局在地形差异上的演变过程及土地利用空间格局的地形分布特征。

3.4.1 数字高程模型

地形是最基本的自然地理要素，地形因子是对地形及其某一方面特征的具体数字描述。地形特征制约地表物质与能量的再分配，影响土壤与植被的形成和发育过程，决定土地利用与土地质量的优劣[67]。

数字高程模型（digital elevation model，DEM），DEM 是地面高程数据的集合，是通过有限的地形高程数据实现对地形曲面的数字化模拟（即地形表面形态的数字化表示），DEM 是对地球表面地形地貌的一种离散的数字表达，GIS 数据库中最为重要的空间信息资料，也是赖以进行三维空间数据处理与地形分析的核心数据。由于高程数据常常采用绝对高程（即从大地水准面起算的高度），DEM 也常常称为 DTM（digital terrain model）[68, 69]。数学意义上的数字高程模型是定义在二维空间上的连续函数 $H = f(x, y)$ 。由于连续函数的无限性，DEM 通常是将有限的采样点用某种规则连接成一系列的曲面或平面片来逼近原始曲面，因此 DEM 的数学定义为区域 D 的采样点或内插点 P_j 按某种规则 ζ 连接成的面片 M 的集合：

$$DEM = \{M_i = \zeta(P_i) | P_j(x_j, y_j, H_j) \in D, j = 1, \cdots, n, i = 1, \cdots, m\} \quad (3\text{-}9)$$

尽管 DEM 是为了模拟地面起伏而开始发展起来的，但也可以用于模拟其他二维表面的连续高度变化，如气温、降水量等。对于一些不具有三维空间连续分布特征的地理现象，如人口密度等，从宏观上也可以用 DEM 来表示、分析和计算。

3.4.2 地形图矢量化

本次采用地理信息系统 ArcGIS 9.2 进行矢量化。先将准备好的地形图进行扫描，获得栅格图像，对扫描图进行预处理，以获得清晰度高、对比度强、数据量小的栅格底图。最后将处理后结果转化为二值位图进行输出。先输入控制点坐标，选择投影模型，完成对扫描图像的几何校正，然后进行矢量化处理。在 ArcSan 模块下，采用自动和手工相结合矢量化，矢量化过程中，将地形图放大到看清栅格，然后在栅格等高线、高程点和特征点线中间进行屏幕矢量化。在矢量数据的属性库上增加一个高程的字段，并输入高程值。矢量化结束后，将矢量化的等高线进行悬挂、相交等错误纠正，然后在地理信息系统软件中通过对等高线数据进行内插生成 TIN 模型，最后转化为规则格网的 GRID 数据格式，以形成完整的数据图幅，在 GRID 模块中用 Merge 函数实现不同图幅数据的拼接，按照研究区范围的 Coverage，在 GRID 模块中使用 GRIDCLIP 命令对其进行裁切，最后建立研究区的 DEM 模型（图 3-2）。

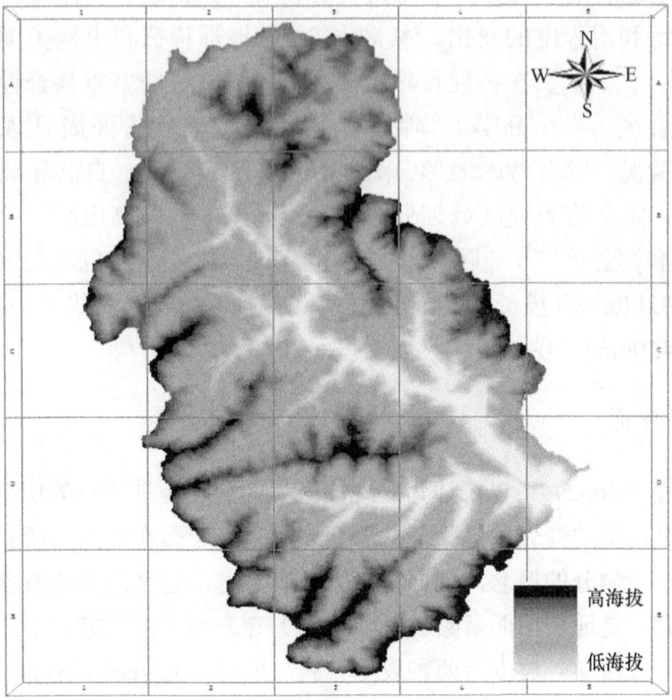

图 3-2　数字高程模型

Fig. 3-2　Digital elevation model of study region

3.4.3　数字地形分析

DEM 是地形的一个数学模型，但基于 DEM 来提取各种地貌形态类型目前已经有了大量的研究，它的核心思想就是根据海拔高度和相对起伏度来快速高效地确定基本地貌形态类型，实际上许多地形因子就是从这些函数进行一阶或二阶推导出来的，也有的通过某种组合或复合运算得到，由于 DEM 数据所包含的地形信息具有多集性和多层性的特征[67]，基于此通过对 DEM 分析获取研究区域的高程、坡度和坡向的分级数据，但该派生的地形数据应建立在其与土地利用关系基础之上[70]。

1. 高程分析

高程分带是建立在探讨土地利用的分布或区域分异与海拔之间的相互关系上，也是土地利用空间分异规律研究的重要方面，定性及定量研究可以为预测和模拟土地利用程度的变化，体现研究区域地形特征和土地类型随高程变化的自然规律[71-73]。本文在体现自然、社会、经济系统的多重耦合性，以及岷江上游干旱河谷区、半山高半山等特殊自然-人文交汇区方面尚显薄弱[74]。结合实际的研究情况，综合考虑地形、土地利用、产业活动、自然环境因子和人口分布等特征，本文将研究区域划分为 4 个空间区域，即高山区、亚高山区、半山高半山区和河谷区[74]，其对应的海拔分别为河谷区（海拔≤3200m）；半山高半山区（3200m<海拔≤4000m）；亚高山区（4000m＜海拔≤4500m）；高山区（海拔＞4500m）（图 3-3）。

2. 坡度分析

地面坡度（slope）可以表述为：地面某点的坡度是过该点的切平面与水平地面的夹角，是高度的变化的最大值比率，表示了地表面在该点的倾斜程度。地面坡度实质是一个微分的概念，地面每一点都有坡度，它是点上的概念，而不是一个面上的概念。是地表曲面函数 $z = f(x, y)$ 在东西、南北方向上的高程变化率的函数。实际应用中，坡度有两种表示方式：坡度（degree of slope）：即水平面与地形面之间夹角；坡度百分比（percent slope）：即高程增量（rise）与水平增量（run）之比的百分数。

当具体进行坡度提取时，常采用简化的差分公式，完整的数学表示：

$$Slope = \arctan\sqrt{{f_x}^2 + {f_y}^2} \tag{3-10}$$

式中，f_x 是东西方向高程变化率；f_y 是南北方向高程变化率。

拟合曲面法是解求坡度最常用的方法。拟合曲面法，一般采用二次曲面，即在 3×3 的 DEM 栅格分析窗口中进行，每个栅格中心为一个高程值，分析窗口在 DEM 数据矩阵中连续移动完成整个区域的计算工作。常用的计算 f_x、f_y 的方法是三阶反距离平方权，该算法也用于 ArcView 和 ARC/INFO。首先利用利用生成的

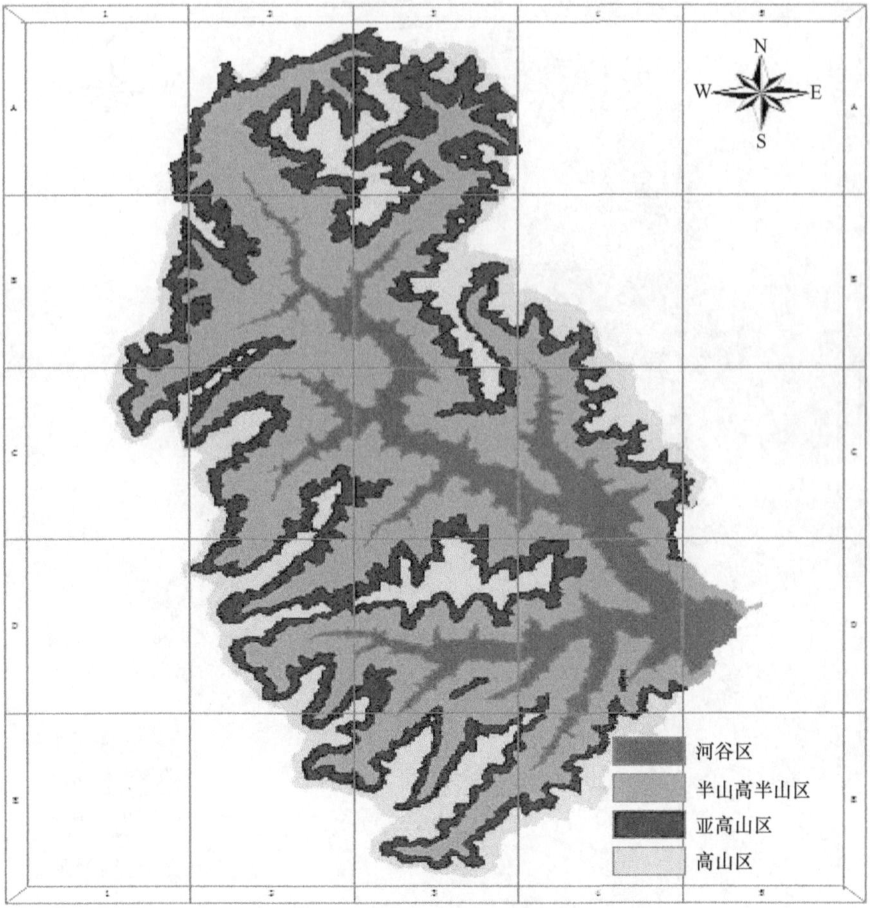

图 3-3 由 DEM生成的高程分布图
Fig. 3-3 Height map of study region from DEM

不规则格网 TIN，转化成格网 GRID 数据，再提取坡度。因此，根据研究区域土地利用类型和地形特征，本文将坡度分为四级：平坡（0≤5°）、缓坡（5°~15°）、斜坡（15°~25°）和陡坡（＞25°）（图 3-4）。

3. 坡向分析

地面任何一点切平面的法线在水平面的投影与过该点的正北方向的夹角称为该点的坡向。按顺时针方向计算，坡向值范围为 0°~360°。对于每一个栅格来说，即确定 z 值改变量为最大变化的方向。坡向的数学表达公式：

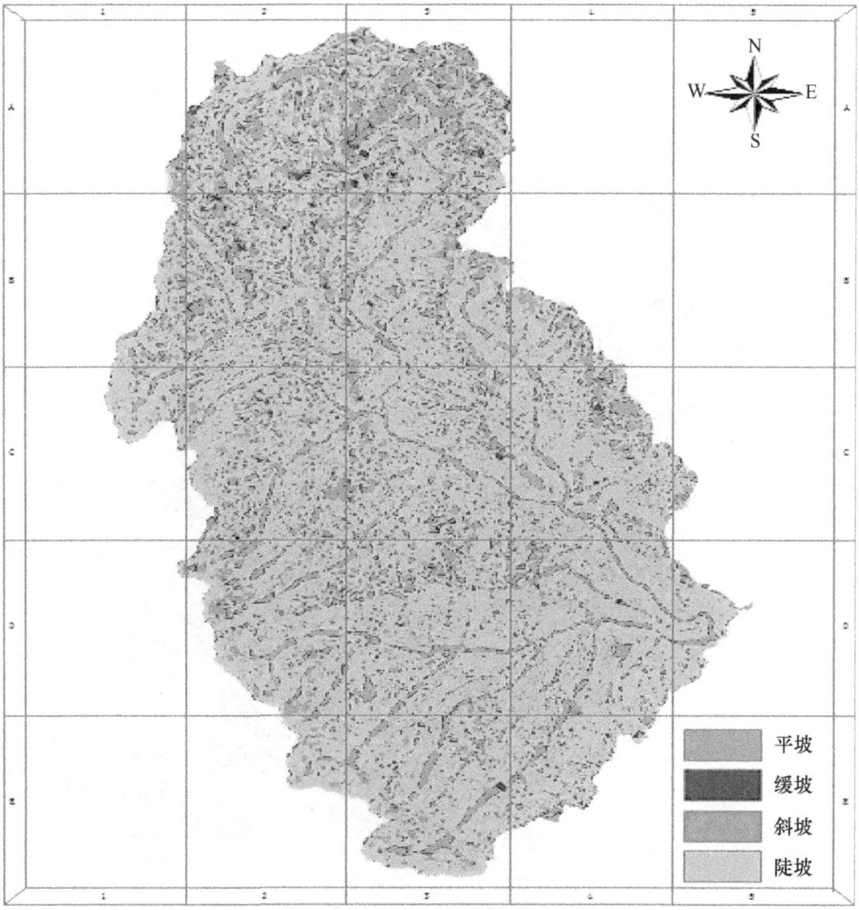

图 3-4　研究区域坡度分布图

Fig. 3-4　Slope map of study region from DEM

$$aspect = \arctan\left(\frac{p}{q}\right) \tag{3-11}$$

式中，p 是 x 方向高程变化率；q 是 y 方向高程变化率。

对于坡向的分析时引入差分的算法。其原理是 GIS 中常用的窗口分析法进行扫描，利用一个 3 × 3 的窗口，按照上述公式进行。坡向在 x 轴为东西方向，y 轴为北方向的坐标系中。DEM 坡向计算数学模型：

$$aspect = 1800 - \arctan\left(\frac{p}{q}\right) + 900 \times \frac{q}{|p|} \tag{3-12}$$

在 ArcGIS 软件中，通常把坡向综合成 9 种坡向，将坡向划分成 8 个方位（图 3-5），分别为北（0°~22.5°，337.5°~360°）、东北（22.5°~67.5°）、东（67.5°~112.5°）、东南（112.5°~ 157.5°）、南（157.5°~202.5°）、西南（202.5°~247.5°）、西（247.5°~292.5°）、西北（292.5°~337.5°），按主坡向的磁方位角将坡向分为 5 个坡向组（图 3-6）：无坡向、阳坡（S，SW）、半阳坡（W，SE）、阴坡（N，NE）、半阴坡（E，NW）。

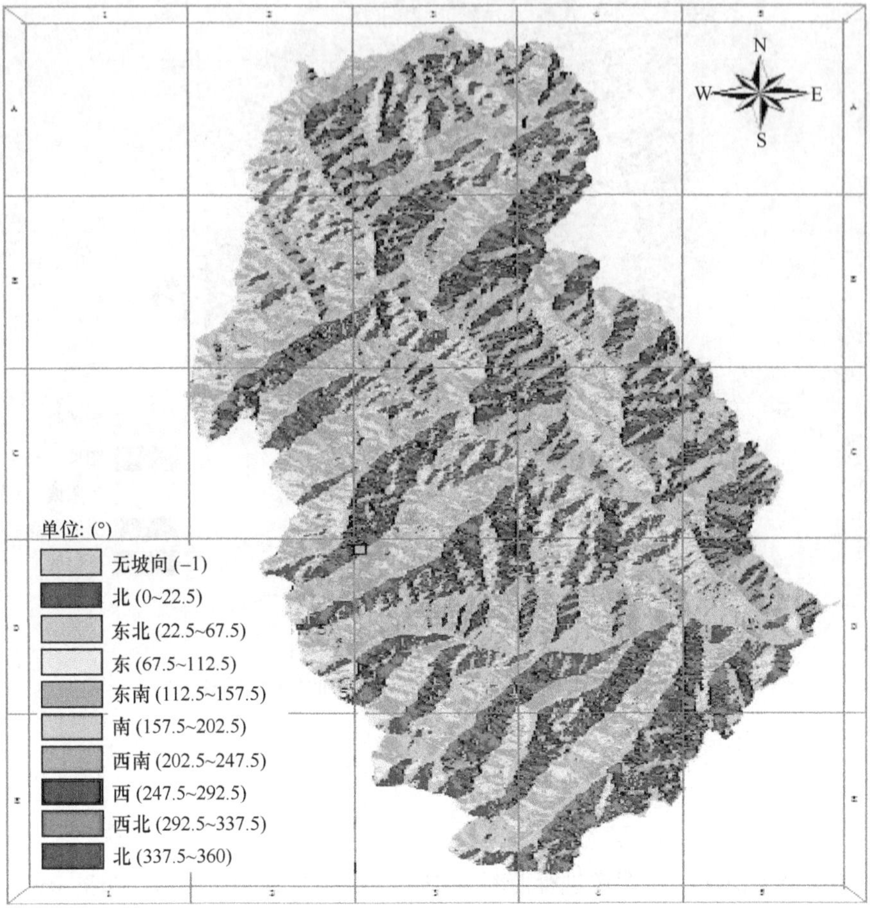

图 3-5 基于DEM提取坡向信息的示意图

Fig. 3-5 The sketch map of aspect information based on DEM

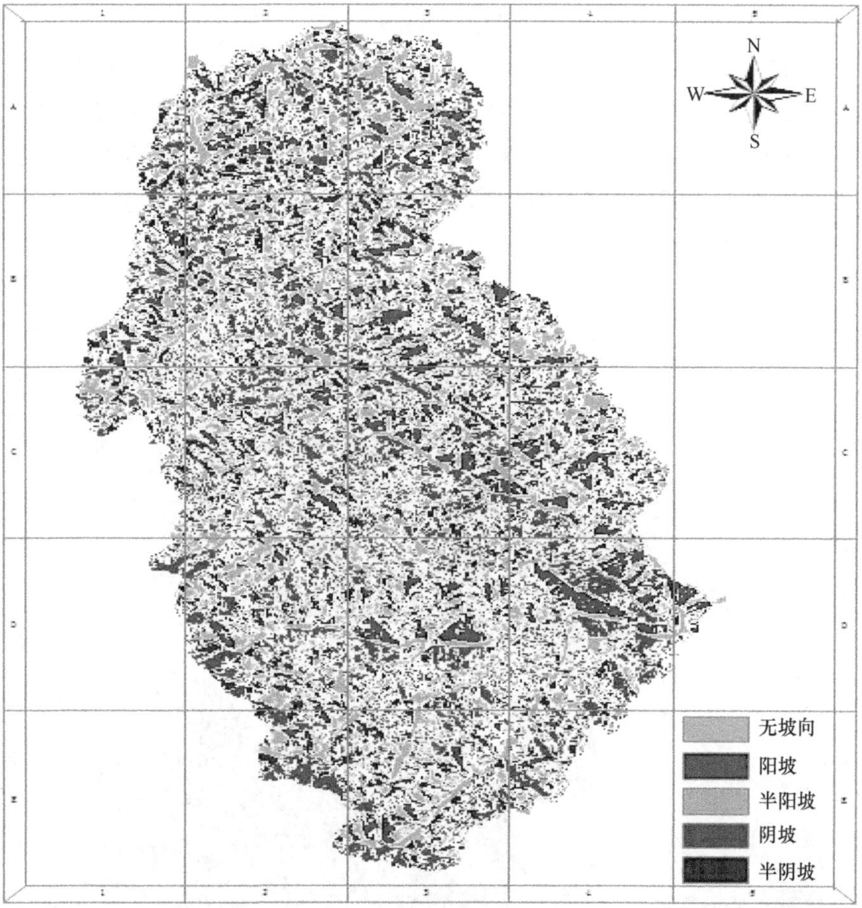

图 3-6　研究区域坡度分布图

Fig. 3-6　Aspect map of study region from DEM

本 章 小 结

利用最大似然法对图像进行监督分类，选择叠加规则为 Parametric Rule，参数规则为 Maximum Likelihood，以像元总数为评价输出统计，并对图像做分类后的一系列处理，对结果进行精度验证，1980~2006 年四期遥感数据的总分类精度分别为：82.31%、84.63%、86.67%和 85.61%，其 Kappa 系数分别为 80.03% 、82.10%、85.19%和 84.02%，总体而言遥感图像的分类结果均比较理想，2001 年

Land ETM+的精度最高，其次是 2006 年，1992 年和 1980 年的精度较低。

先对地形图误差进行分析，然后进行严格的几何校正，在 ArcSan 模块下，采用自动和手工相结合矢量化，并对矢量化的等高线进行处理，在获取高质量的 DEM 的基础上，利用 ARC/INFO 提取用 DEM 派生出的坡度、坡向数据并进行高程分带等处理。在 ArcGIS 支持下，对土地利用的数据和地形因素数据进行叠加，研究各主要土地利用类型在地形因子上的分布特征，探讨土地利用/覆盖格局在地形差异上的演变过程，并把地形因子作为生境脆弱度评价的因子，完成对研究区域的生境脆弱度的定量评价和分析。

4 研究区域土地利用/覆被变化时空特征研究

土地覆盖是地球表面当前具有的自然和人为影响所形成的覆盖物，如地表植被、土壤、冰川、湖泊、沼泽湿地和道路，它不是单一的土地和植被类型，而是以土地类型为主体的一系列自然属性和特征的综合体[50]。土地利用由各种类型的单元组成，这些单元的类型、数目及空间分布与配置称为格局，是基于同一区域不同年份的遥感图像间存在着光谱特征差异的原理[75]，通过多时相遥感影像综合分析实现对土地利用/土地覆盖、土地退化、土地质量等动态趋势进行分析，土地利用格局是人类与自然界长期相互作用的结果；一切自然营力及人类活动都将引起土地利用/土地覆被的变化[76]。因此，分析土地利用变化的空间格局是研究土地利用/覆被的时空演变规律和LUCC驱动机制的重要途径，其主要是通过分析其时间变化过程、空间变化过程和质量变化过程来实现的，时间过程可从变化幅度、速度和类型转化方向等方面进行分析，通过动态度、转移矩阵等一系列相应的模型来模拟[77, 78]；空间过程和质量过程可应用景观生态学方法、地学信息图谱及地域分异规律相关理论进行研究[79-81]。

因此，本文在GIS支持下对不同时期的遥感影像或土地利用图进行地理计算和空间分析，通过构建土地利用变化动态模型，借助定量化的指标和定位的空间表达，定量分析土地利用变化和土地利用结构的变化，并探究土地利用/覆盖格局在地形差异上的演变过程，揭示土地利用格局变化过程的图谱信息，为当地林业可持续发展和土地资源的合理利用提供科学依据和决策支持。

4.1 土地利用结构变化（幅度和速度）

土地利用结构的变化是区域土地利用变化的重要方面[56]，而结构的变化首先反映在不同土地利类型相互转化的幅度和速度上，其次在土地利用类型变化、土地利用类型数量变化和土地资源生态背景质量变换，在此基础上揭示LUCC变化过程和变化趋势，为土地资源的可持续利用提供基础的数据依据。

4.1.1 土地利用结构变化（幅度）

土地利用幅度变化是指土地利用类型面积方面的变化，它反映了不同土地利用类型在总量上的变化[56]。在分析土地利用的幅度变化的基础上，可分析土地利用变化总的态势和土地利用结构的变化，进而揭示研究区域内某个时段内人类对土地资源利用变化的强弱程度。其研究的数学模型：

$$K_1' = U_b - U_a \tag{4-1}$$

$$K_2' = \frac{(U_b - U_a)}{T} = \frac{K_1'}{T} \tag{4-2}$$

式中，K_1' 为研究时段内某一土地利用类型的总变化幅度；K_2' 为研究时段内某一土地利用类型的年；U_a、U_b 分别研究初期和末期某一类型的面积；T 为研究时段。

根据公式（4-1）和公式（4-2）计算出研究区域的土地利用类型（地类）变化的幅度，结果见表 4-1 和图 4-1。

表 4-1　1980~2006 年各时期土地利用的变化幅度（hm^2）

Tab. 4-1　Total change range of land use change from 1980 to 2006（hm^2）

地类	1980~1992		1992~2001		2001~2006		1980~2006	
	总变化幅度	年变化幅度	总变化幅度	年变化幅度	总变化幅度	年变化幅度	总变化幅度	年变化幅度
居民地	1.71	0.1555	–1.98	–0.2200	7.74	1.548	7.47	0.2873
耕地	89.91	8.1736	22.5	2.5000	–15.57	–3.114	96.84	3.7246
林地	–5050.89	– 459.1718	–1669.23	–185.47	–5045.76	–1009.15	–11765.9	– 452.5338
水域	–0.36	–0.0327	0.09	0.0100	0.36	0.072	0.09	0.0035
灌木林地	3011.94	273.8127	265.41	29.4900	4982.04	996.408	8259.39	317.6688
未利用地	–122.04	–11.0945	91.08	10.1200	–106.02	–21.204	–136.98	–5.2685
草地	2069.73	188.1573	1292.13	143.5700	177.21	35.442	3539.07	136.1181

从研究区域的土地利用现状可以看出。

（1）1980~2006 年杂谷脑河流域的土地利用类型变化表现为林地和未利用地面积减少；灌木林地、草地、耕地、居民地和水域面积增加的态势。

（2）就研究区域的土地利用类型面积变化总幅度而言，在研究时段内其土地利用结构类型发生了一定的变化，面积变化较大的土地利用类型为：有林地、灌木林地、草地，面积变化较小的为居民地和水域。其中林地面积减少得最大，未利用地面积减少得最小；灌木林地面积增加得最大，水域面积增加得最小。

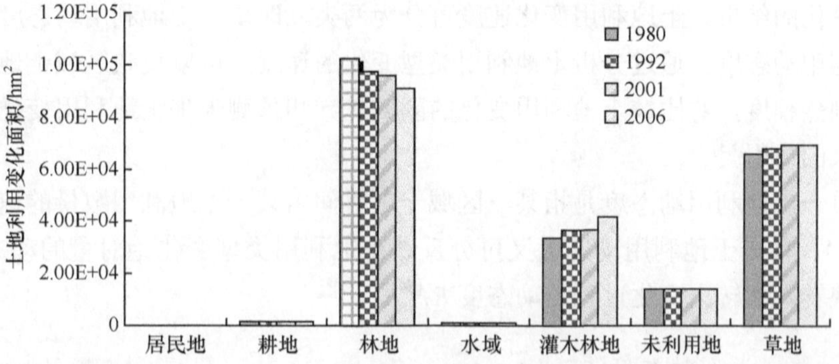

图 4-1　研究区域不同时期土地利用变化面积

Fig. 4-1　Area of land-use change in different phases in study region

（3）林地的总变化幅度最大，26 年内面积减少了 11 765.9 hm^2，年平均减少 425.5338 hm^2，所占比例由 47.0289%降低到 41.631%，年均减少率为 20.7612%，林地的减少主要归因于新中国成立后尤其是“大跃进”时期低海拔区域大量森林被砍伐[57]。灌木林地的变化次之，面积增加了 8259.39 hm^2，年平均增加 317.6688 hm^2，其所占比例由 1980 年的 15.3489%增加到 2006 年的 19.1381%，再次是草地，其面积在 26 年中增加了 3539.07 hm^2，年平均增加 136.1181 hm^2，其所占比例由 1980 年的 30.172%增加到 2006 年的 31.7596%，灌木林地和草地的大量增加主要归于在高海拔地区的亚高山云和冷杉林在受到强烈、频繁、大规模的人为干扰（采伐或开荒）时[58]，亚高山针叶林通常会逆向演替退化为以林内植物为主的次生性亚高山落叶阔叶林或针阔混交林，再受干扰则形成亚高山灌丛，亚高山灌丛在进一步的干扰下将退化为亚高山草甸[82]。最后，未利用地的总变化幅度也比较大，其变化量为 136.98 hm^2，年平均减少 5.2685 hm^2，随着经济作物的推广和退耕还林政策的推行，研究区域大量的荒山荒地被开发利用，造成部分未利用地的减少。水域的总变化幅度最小，从 1980~2006 年总变化幅度为 0.09 hm^2，年平均增加 0.0035 hm^2，水域的增加很大程度上归因于自然环境的变化，其次是居民地，26 年间由 11.97 hm^2 增加到 19.44 hm^2，年总幅度变化量为 7.47 hm^2，年平均变化为 0.2873 hm^2。

4.1.2　土地利用结构变化（速度）

土地利用变化速度指数以土地利用类型的面积为基础，关注研究时段内类型面积变化的结果。土地利用变化速度可分为两类，即单一土地利用动态度和综合土地利用动态度。通过分析土地利用类型变化的速度，可以反映区域土地利用变化的剧烈程度，对比较土地利用变化的区域差异和预测未来土地利用变化趋势都有积极的作用[83]。

单一土地利用动态度是指某一区域一定时间内某一土地利用数量的速度变化（4×13）。单一土地利用动态度又可分反映土地利用类型变化绝对量的动态度 R_1 和反映转入和转出变化过程的动态度 R_2[84]。

1. 单一类型动态度 R_1

单一类型动态度用于表达区域一定时间内某一类型的数量的速度变化，其表达式：

$$R_1 = \frac{U_b - U_a}{U_a} \times \frac{1}{T} \times 100\% = \frac{\Delta U_{in} - \Delta U_{out}}{U_a} \times \frac{1}{T} \times 100\% \qquad (4\text{-}3)$$

式中，U_a、U_b 分别研究初期和末期某一类型的面积；ΔU_{out} 为研究时段 T 内某一类型转变为其他类型的面积之和；ΔU_{in} 为其他类型转变为该类型的面积之和；T 为研究时段；当 T 设定为年时，R_1 为研究时段内某一类型面积的年变化。

2. 单一类型空间变化动态度 R_2

R_1 仅反映了某一土地利用与土地覆盖类型面积的年变化，并没有反映出该类型空间变化。因此，可以以另一模型表示该类型的空间变化的动态度。其公式：

$$R_2 = \frac{\Delta U_{in} + \Delta U_{out}}{U_a} \times \frac{1}{T} \times 100\% \qquad (4\text{-}4)$$

式中，公式的参数的意义与上面的一致；R_2 为某一类型的空间动态变化度。

表 4-2 为利用公式（4-3）和公式（4-4）计算得到的研究区域不同时段，单一土地利用类型变化动态度 R_1 与动态度 R_2。

由单一土地利用动态度表可以看出，研究区域于 1995~2006 年土地利用变化的整体趋势为：耕地和未利用地呈现减少的趋势，但是具体变化过程却不同，林地一直呈现持续减少的趋势，即在三个阶段，R_1 是均小于 0，林地的年平均减

表 4-2 研究区域 1980~2006 年不同时段的土地利用动态度（%）

Tab. 4-2 The dynamic degree of land use from 1980~2006 in study region（%）

地类	1980~1992		1992~2001		2001~2006		1980~2006	
	R_1	R_2	R_1	R_2	R_1	R_2	R_1	R_2
居民地	1.2987	1.1905	−1.6082	3.2164	13.2308	13.2308	2.4002	12.4812
耕地	0.6448	0.6349	0.1842	0.4626	−0.2257	0.2987	0.2938	2.5163
林地	−0.4479	0.5466	−0.1903	0.4010	−1.0535	0.025 84	−0.4415	2.7576
水域	−0.0040	0.1053	0.0012	0.1367	0.0089	127.45	0.0004	0.3879
灌木林地	0.8184	1.2170	0.0809	0.8635	2.7125	2.7334	0.9495	6.0089
未利用地	−0.0784	0.1088	0.0722	0.0948	−0.1502	0.1612	−0.0372	0.2532
草地	0.2861	0.4154	0.2116	0.3387	0.051 27	0.1127	0.2070	1.6083

少率为 0.4415%，但第三阶段（2001~2006 年）的减少程度要远大于其他两个阶段；而未利用地却呈现先减少后增加而最后又减少的态势，即在第一和第三阶段 R_1 是均小于 0，而在第二阶段 R_1 大于 0，未利用地的平均减少率为 0.0372%，而其他地类都呈现增加的趋势，但是具体过程不同，居民地呈现先增加后减少而后又增加的趋势，耕地呈现先增加而后减少的趋势，即第一、第二阶段的 R_1 大于 0，第三阶段的 R_1 小于 0，水域呈现减少而后增加的趋势，草地和灌木林地的变化趋势相同，都是呈现增加趋势，即在三个阶段，R_1 是均大于 0，灌木林地达到第三阶段的 R_1 要大于其他两个阶段，而草地第一阶段的 R_1 值要大于其他两个阶段的，且灌木林地年增长率为 6.0089%，灌木林地增加的程度要大于草地的。就 R_1 而言，居民地的动态度最大，为 2.4002%，其次是灌木林地，为 0.9495%，再次是林地，为 0.4415%。

单一土地利用动态度 R_1 表现为转入与转出面积变化速率的差值，忽略了土地利用空间区位的固定性及相关属性，不能很好地反映土地利用动态变化的空间转移过程。因此，采用单一类型空间变化动态度 R_2 克服了上述传统单一土地利用类型动态度 R_1 的缺陷，可更为准确和精细地测算单一土地利用类型转移量的动态变化程度。从而更好地刻画土地利用的动态变化细节和程度。在 1980~2006 年三个时段内，居民地的动态度都比较大，其平均动态度最大，为 12.4812%，虽然转入和转出的数量不大，但是由于居民地的基数最小，所以

R_2值最终最大，但总体上转移变化的速率呈增长的趋势。其次是灌木林地的动态度值较大，但第三阶段该值要大于其他两个阶段的，虽然灌木林地的基数较大，但由于其转入和转出的数量较大，故其 R_2 值也较大，表现出强烈的变化现象；但是林地的动态度 R_2 值较小，虽然转入和转出的数量也比较大，但是由于基数最大，故其值最终也比较小。总体而言，研究区域的土地利用变化不是很剧烈，各个时期的土地利用类型表现为林地、灌木林地和草地等为主体的其他土地利用类型镶嵌分布格局，总的土地格局几乎没有发生变化。

4.2 土地利用程度综合指数模型分析

土地利用程度主要反映土地利用的广度和深度，它不仅反映了土地利用中土地本身的自然属性，同时也反映了人类因素与自然环境因素的综合效应。土地利用程度变化是多种土地利用类型变化的综合结果，其变化量可定量地表达该地区土地利用的综合水平和变化趋势[85, 86]。根据刘纪远先生在《西藏土地利用》一书中提出的土地利用程度的综合分析方法[87]，将土地利用程度按照土地自然综合体在社会因素影响下的自然平衡状态分为四级[86-89]，即为未利用土地级、林草水用地级、农业用地级和城镇聚落用地级，并赋予分级指数，将分级指数设定为 1、2、3、4（表 4-3），从而给出土地利用程度的定量化表达。

表 4-3　土地利用类型及分级表

Tab. 4-3　Land use and land grades

	未利用土地级	林、草、水用地级	农业用地级	城镇聚落用地级
土地利用类型	未利用地或难利用地	林地、草地、水域	耕地、园地、人工草地	城镇、居民点及工矿、交通用地
分级指数	1	2	3	4

$$L_j = 100 \times \sum_{i=1}^{n} A_i \times C_i \qquad (4\text{-}5)$$

$$L_j \in [100, 400]$$

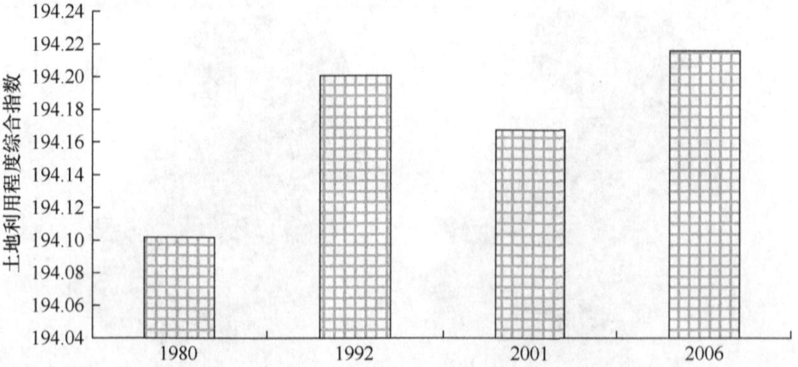

图 4-2 研究区域不同时期土地利用综合程度指数变化

Fig. 4-2 The change of land use degree index in different phase in study region

由公式（4-5）可知，土地利用程度综合指数是一个取值区间为[0~400]的函数，该值的大小反映了土地利用程度的高低，通过利用公式计算得到研究区的土大小，反映了土地利用程度的高低合指数，如图 4-2。其四个时期的数值都在 194 左右，说明研究区域的土地利用综合程度不高，从图 4-2 中可以看出，研究时段内土地利用程度综合指数总体上逐渐增大，但在 2001 年呈现了一定的波动，土地利用综合指数呈现了较小的下降波动。总体上可以看出，在 1980 年研究区域的土地前期处于缓慢发展期，在 1992 年又处于一个中期土地利用发展期，在 2006 年处于一个后期土地利用较快发展期，由于人口的增长，经济的发展及农业政策的调整，使得土地利用程度进一步提高，可见，土地利用程度的变化与人口的变化呈正相关。因此，在基础上，为了更好地体现自然因子和人类社会因子对土地利用/覆盖变化现状的影响及其强度，在本研究中采用 5 km×5 km 的格网作为统计单元，并在 ArcGIS 的支持下，对土地利用综合程度指数按自然断裂法（natural break）进行空间聚类，分成 20 个等级，进而计算研究区域的土地利用综合指数的空间分布格局（图 4-3）。

从图 4-3 可以看出，四个时期的土地利用综合程度指数较高的区域主要在杂谷脑河流域沿岸的区域，其海拔 2000~2800 m，与主河道高差 50~300 m 的河谷区，其生长期的热量为 2500~3500℃，降水量为 500~700 mm，日照时数大于 1600 h，土壤 pH 为 6.8~8.5，土壤质地为轻壤土、中壤土，石砾含量为 30%~80%，热量低、降水高，坡度较大[90]，由于区域气候适宜，适宜人口生存，因此更容易受到人类

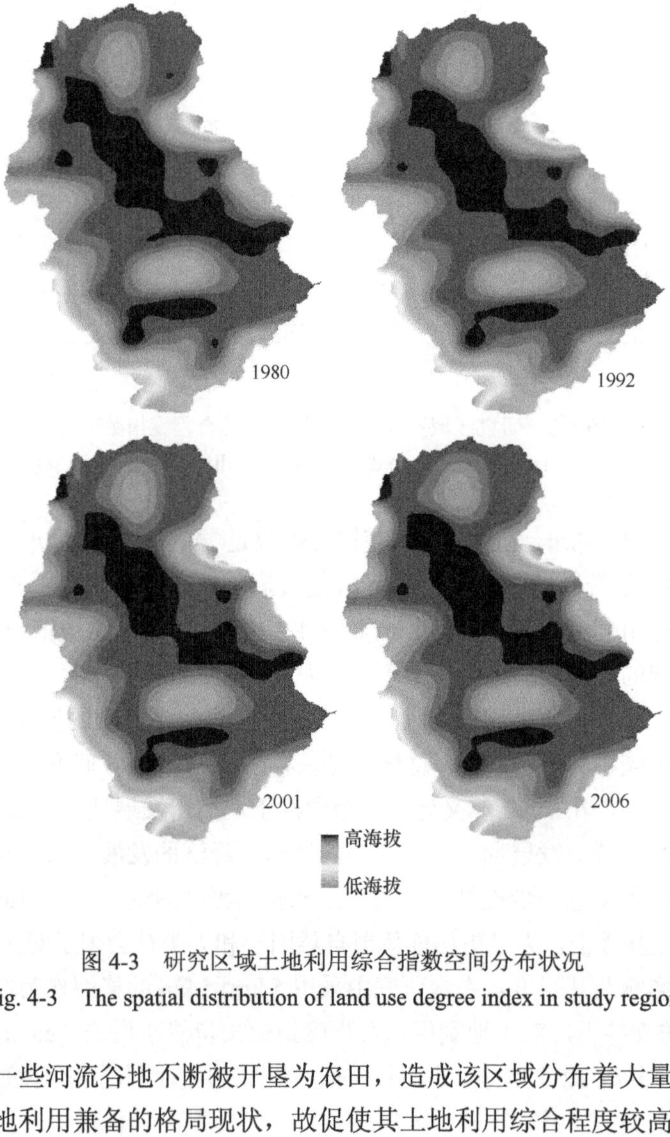

图 4-3 研究区域土地利用综合指数空间分布状况

Fig. 4-3 The spatial distribution of land use degree index in study region

的干扰，使一些河流谷地不断被开垦为农田，造成该区域分布着大量的耕地，呈现出不同土地利用兼备的格局现状，故促使其土地利用综合程度较高。尽管实施了“天保”工程和退耕还林还草工程，由于人类活动影响面的扩大，在利益驱动下，人们不得不想尽一切办法开垦一切可以开垦的土地，其表现为草地、耕地对林地的挤压[74]。林业资源成了最容易利用的资源，表现为地区土地利用综合指数进一步提高，这一过程势必对该区生态环境和水土流失带来不利影响。因此，要继续加大力度推行“天保”工程 和退耕还林还草工程，在发展当地经济的前提下，尽可能的遏制区域生态环境恶化的势头，改变牧草地、耕地和居民地挤压林地的形势[91]。

4.3 基于地形基础上的定量分析

地形因素是植被覆盖、土地利用类型分异控制基础的重要因素，然而高程、坡度和坡向是衡量地形分异的三个主要属性特征，也是决定土地利用类型（地类）其他要素分异（如土壤、小气候和水文等）的主导因子[67]。地形的宏观格局导致林区内自然景观综合体（植被、地类）的第一级分异，一定程度上控制着区域水热条件随高度变化而发生有规律的空间分异，形成了目前研究区域土地利用的分异格局。因此，将土地利用与高程、坡度和坡向进行叠加分析，定量分析土地利用类型在地形因子上的空间分布特征，探讨土地利用/覆盖格局在地形差异上的演变过程，有助于理解区域生态现象和过程、土地利用/覆盖格局的规律性及其驱动因素[92, 93]，为该区域的生态恢复与建设提供决策支持。由于研究区内海拔高差大，地貌类型多样，气候的垂直分异特征明显，决定着区域内部水土资源在空间上的再分配，对土地利用的方式和布局产生着影响，因此，本文在分析土地利用结构变化的基础上，进一步分析了土地利用变化同海拔、坡度和坡向的影响。

4.3.1 土地利用的高程分异特征

表 4-4 显示的是不同海拔高程区域各土地利用类型的分布面积。从表中可知，各高程区域土地利用组合不同，不同时期耕地的分布相同，都是主要集中分布于河谷区，而在半高山区也存在一定数量，在其他高山分区都没有分布，主要归因于地形地貌、气候条件等都不利于人们生活和从事农业生产活动，从而在一定程度上降低了对土地的利用强度，但是从 1980~2001 年呈现递增的趋势，说明这些地区的农业产业活动强度在加大，主要与人口密度和人类产业活动强度增加有较大关系，在 2001~2006 年显现减少的趋势，总体而言，耕地随海拔的升高而减少。居民地在 1980 年的各个高程分区中都有分布，在 1992~2006 年中在高山区没有分布，在其他分区中都有分布，且在 1992 年和 2006 年都集中分布在河谷区，在一定程度上说明了 80 年代，部分游牧民族聚居在高海拔的地区，习惯建寨于海拔相对较高的半山腰，这种具有藏区地域特点的居住方式，其生产方式主要利用分布

表 4-4　不同高程上不同土地利用类型的面积（hm^2）

Tab. 4-4　The area of land use type at different slice level（hm^2）

年份	土地利用类型	河谷区	半高山区	亚高山半山区	高山区
1980	居民地	5.76	2.97	3.24	5.76
	耕地	1 105.56	161.64	0	0
	林地	30 349.62	61 257.15	10 579.32	307.89
	水域	611.01	64.8	73.44	62.82
	灌木林地	635.4	18 427.23	14 359.05	32.67
	未利用地	0	8.91	1 273.5	12 787.29
	草地	8.1	5 318.01	38 040.84	22 360.32
1992	居民地	6.66	2.97	4.05	0
	耕地	1 168.56	188.55	0	0
	林地	30 345.84	57 411.72	9 501.21	184.59
	水域	609.39	65.52	73.98	62.82
	灌木林地	565.92	21 413.7	14 456.34	30.33
	未利用地	0	8.91	1 284.48	12 654.09
	草地	19.08	6 149.34	39 009.33	22 619.16
2001	居民地	3.78	3.42	4.5	0
	耕地	1 175.31	204.3	0	0
	林地	29 977.38	55 960.11	9 646.38	191.97
	水域	609.75	64.71	74.43	62.91
	灌木林地	671.4	21 897.99	14 135.85	24.84
	未利用地	0	8.91	1 278.18	12 751.56
	草地	277.83	7101.27	39 190.05	22 519.71
2006	居民地	8.46	4.14	6.84	0
	耕地	1 171.17	192.87	0	0
	林地	25 443.63	55 573.11	9 527.04	186.3
	水域	609.93	64.89	74.43	62.91
	灌木林地	5 204.34	22 347.99	14 134.95	24.84
	未利用地	0	8.91	1 277.55	12 646.08
	草地	277.92	7 048.8	39 308.58	22 630.86

在高海拔地区的丰沛的牧草地；80 年代后开始由高海拔的地区向低海拔的地带进行了迁移，主要居住在海拔相对较低、地质条件相对稳定的河谷两岸较平缓地区、交通要道两侧，处于定居状态，主要集中在河谷地带并进行开垦耕地，从事牧业和少量种植业，在一定程度也说明了人文景观对地形的选择具有一定的局限性。林地、水域、灌木林地和草地的在各个高程分区都有分布，但是林地主要集中分布于半高山区，其次是河谷区，其分布呈现递减的趋势，同时也说明半山高半山区域是研究区域森林的集中分布和采伐区，灌木林地主要集中分布于半高山半山区，其次是半高山区，且在草地的分布状况和灌木林地的相同，但灌木林地在半高山半山区的分布呈现递增的趋势，而在半高山区呈现先减少而后增加的趋势，而草地在这两个高程分区中一直呈现递增的趋势；水域主要集中分布于河谷区，其次是半高山区，水域在河谷区呈现递减的趋势，但变化量相对较小。未利用地在河谷区没有分布，在其他高程分区都有分布，且分布量都在高山区达到最大，一方面说明了该区域的森林经过采伐后形成的采伐迹地不易更新，另一方面主要由于该区域存在着大量的裸崖地和部分雪山。

总体而言，1980~2001 年，在河谷区主要形成“森林–耕地–水域”等交错的区域景观格局；2006 年主要形成“森林–灌木林地–耕地”等交错的区域景观格局，耕地在河谷区占据一定的比例，森林主要以铁杉、桦木和油松为主；半高山区主要形成“森林–灌木林地–草地”等交错的亚高山针叶林带的格局现状，森林主要以云杉和冷冷杉为主；半高山半山区主要形成“草地–灌木林地–林地”等交错的亚高山灌丛草甸带的格局现状，该地带是森林景观向草地景观的过渡地带；高山区主要形成“草地–未利用地–林地”等交错的高山草甸带区域格局，如果区域继续受到外界干扰，促使高山草甸向高山流石滩植被演变，逐步演变为不稳定的高山流石滩植被景观，很难再通过人为措施使其回到原始的景观状态。

4.3.2 土地利用的坡度分异特征

从表 4-5 可以看出，居民地在各个坡度分区上都有分布，主要集中分布在平坡上，其次是分布在陡坡区域，从 1980~2006 年 26 年间，居民地在陡坡区域的分布呈现递增的趋势，在一定程度上表明随着人类活动强度加大，范围不断扩大，加速了对土地的开发利用，主要表现为部分藏族居民受滑坡、泥石流等自然灾害的困扰[94]，习惯建寨于海拔相对较高和坡度较陡的半山腰。同样耕地在各个坡度区域都有分布，但在缓坡上的分布占据优势地位，在 1980~2001 年呈现增加的

表 4-5　不同坡度上不同土地利用类型的面积（hm^2）

Tab. 4-5　The area of land use type at different slope level（hm^2）

年份	土地利用类型	平坡	缓坡	斜坡	陡坡
1980	居民地	8.37	0.72	0.81	2.07
	耕地	375.48	750.24	84.96	56.52
	林地	17 720.46	4 807.26	9 170.46	70 795.8
	水域	489.78	39.69	57.42	225.18
	灌木林地	4 560.03	1 622.43	3 968.46	23 303.43
	未利用地	2 181.06	743.49	2 478.6	8 666.55
	草地	10 754.55	3 610.44	10 964.07	40 398.21
1992	居民地	9.54	0.9	1.17	2.07
	耕地	400.14	796.77	94.68	65.52
	林地	16 718.4	4 546.89	8 581.23	67 596.84
	水域	488.52	39.69	57.33	226.17
	灌木林地	5 265.09	1 783.71	4 371.03	25 046.46
	未利用地	2 122.74	737.46	2 436.21	8 651.07
	草地	11 085.3	3 706.38	11 183.13	41 822.1
2001	居民地	6.75	0.99	1.17	2.79
	耕地	402.84	814.86	95.85	66.06
	林地	16 585.83	4 458.42	8 406	66 325.59
	水域	488.88	39.51	57.24	226.17
	灌木林地	5 159.88	1 817.91	4 426.38	25 325.91
	未利用地	2 167.47	740.88	2 451.51	8 678.79
	草地	11 278.08	3 756.78	11 286.63	42 767.37
2006	居民地	11.7	1.35	1.53	4.86
	耕地	392.76	813.69	91.8	65.79
	林地	15 441.84	4 266	8 120.7	62 901.54
	水域	489.6	39.69	57.51	225.36
	灌木林地	6 265.17	1 995.57	4 630.77	28 820.61
	未利用地	2 118.15	737.19	2 427.75	8 649.45
	草地	11 370.51	3774.96	11 394.72	42 725.97

趋势，这主要归因于耕地挤压林地，说明该地类与人类生产和生活密切相关，这一坡度范围最适宜于人类活动，也反映了该区域属于最易受到人类活动干扰和破坏的范围，在 2001~2006 年呈现减少的趋势，在一定程度上表明土地利用趋于有序化方向发展，这可能与随着生态环境保护力度加大有关。此外，耕地在陡坡区域也有一定量的分布，在 1980~2001 年呈现递增的趋势，说明近 21 年来研究区域人口增加，在利益驱动下，加大了对森林资源的破坏，人们不得不想尽一切办法开垦一切可以开垦的土地[74]，包括对陡坡的开垦，2001~2006 年以后，随着“天保”工程和退耕还林还草工程等一系列生态建设和环境保护政策的加大和推进，这在一定程度上遏制了毁林开垦的势头，区域生态环境恶化的势头在一定程度上得到了缓解。林地和灌木林地的分布趋势相同，都是在陡坡上处于优势地位，其次是平坡，林地在陡坡区域一直呈现减小的趋势，这与 20 世纪 80 年代末以前森林砍伐所导致林地向牧草地转化和 1982 年开始的生产关系政策调整有关[91]，就目前情况而言，加大区域生态环境的保护力度，严格限制对木材的砍伐，减少牧草地、耕地对林地的挤压。水域主要集中分布在平坡区域，主要是说明该地类对地形的选择有很强的限制性。未利用地在各个坡度区域都有分布，都集中分布在陡坡区域，26 年间呈现先增加后减小的趋势，侧面也表明了“天保”工程取得了一定的成效，草地的分布趋势基本和未利用地的分布情况相似。

4.3.3 土地利用的坡向分异特征

对于研究区域而言，同一海拔高度，坡向往往是影响水热条件变化的决定性因子，阳坡的蒸发量大于阴坡，阴坡的湿度高于阳坡。由表 4-6 可以看出，1980~2006 年，居民地和水域在坡向分级上的分布大体相同，都是在无坡向区域的面积达到最大，说明水域和居民地对坡向的没有严格的要求，居民地在半阴坡面积达到最小，水域在阴坡的面积达到最小。耕地主要集中分布于阳坡和半阳坡，在阳坡上的分布面积最大，说明耕地的坡向分异格局具有较明显的规律性[94]，农作物对日照条件要求较高，决定其分布坡向主要是半阳坡和阳坡。林地主要分布于半阳坡和半阴坡区域，且半阴坡的分布面积要稍小于半阳坡分布面积数量，此外阳坡区域也分布着一定数量的林地。阳坡、半阳坡较阴坡、半阴坡光照充足，因而温度高，湿度小，生境总体趋于干旱，分布着大量云杉、油松、白桦等喜光耐寒树种[94]；阴坡、半阴坡生境以阴湿为特征是原始冷杉林的集中分布区，对于

表 4-6 不同坡向上不同土地利用类型的面积（hm^2）

Tab. 4-6 The area of land use type at different aspect level（hm^2）

年份	土地利用类型	无坡向	阳坡	半阳坡	阴坡	半阴坡
1980	居民地	7.2	1.26	2.7	0.81	0
	耕地	219.15	428.31	328.05	125.37	166.32
	林地	14 456.16	22 135.68	23 919.66	18 957.69	23 024.79
	水域	448.56	192.15	119.61	18.36	33.39
	灌木林地	3 541.68	6 599.7	8 854.83	6 117.03	8 341.11
	未利用地	1 715.04	1 298.61	2 826.54	4 081.32	4 148.19
	草地	8 456.67	10 621.98	16 403.04	12 452.49	17 793.09
1992	居民地	8.1	1.26	2.97	1.08	0.27
	耕地	237.96	448.65	350.1	135.9	184.5
	林地	13 626.36	21 206.7	22 465.44	18 401.58	21 743.28
	水域	447.3	192.06	120.87	18.27	33.21
	灌木林地	4 137.03	6 818.49	9 665.91	6 542.82	9 302.04
	未利用地	1 663.56	1 292.67	2 809.26	4 096.8	4 085.19
	草地	8 720.91	11 317.86	17 043.12	12 556.62	18 158.4
2001	居民地	5.22	1.53	3.6	1.08	0.27
	耕地	251.55	448.29	352.71	137.16	189.9
	林地	13 541.76	20 594.61	21 927.15	18 233.91	21 478.41
	水域	448.02	192.06	120.24	18.18	33.3
	灌木林地	4 018.68	7 061.31	9 814.23	6 477.3	9 358.56
	未利用地	1 703.52	1 293.21	2 812.86	4 098.15	4 130.91
	草地	8 883.45	11 686.68	17 415.9	12 787.29	18 315.54
2006	居民地	9.9	1.53	6.48	1.17	0.36
	耕地	245.7	447.93	343.17	137.16	190.08
	林地	12 547.44	18 956.52	21 101.85	17 382.78	20 741.49
	水域	448.65	192.06	120.51	18.27	32.67
	灌木林地	4 979.61	8 646.39	10 670.13	7 331.31	10 084.68
	未利用地	1 658.97	1 292.67	2 809.26	4 085.1	4 086.54
	草地	8 965.62	11 740.59	17 391.6	12 797.28	18 371.07

一些采伐更新地段，同样也分布着一定数量的桦木林。草地和灌木林在各坡向上的分布差异明显；灌木林地在阳坡上的分布比阴坡偏多，草地景观刚好相反。总体而言，坡斑块破碎化程度较小，景观类型较为完整，与平均斑块面积成近似的反比关系。由于气温，光照等条件不同，导致了植被在阴坡和阳坡的分布情况表现出较大的差异，但是在植被种类上存在着差异，更表现在植被本身的性质上[95]。

4.4 土地利用空间模型

土地利用/土地覆盖的空间变化，可以用土地资源分布重心变化情况来反映研究地区土地利用/土地覆盖变化及驱动机制研究，土地覆盖重心迁移模型可以很好地从空间上描述土地利用主要类型的时空演变过程[96-101]。其方法为：把一个大区域分为若干个小区，在大比例尺地图上根据居民点的分布及地形特点确定每个小区几何中心或旗县所在地的地理坐标，然后再乘以该小区该项土地资源的面积，最后把乘积累加后除以全区域该项土地资源总面积，这里重心坐标一般用地图经纬表示。

ArcGIS 中，通过计算 Centroid 其中各土地利用类型的重心坐标，通过比较研究期初和研究期末各种土地利用/覆盖类型的分布重心，进而来研究其间变化规律，掌握研究时段内土地利用/覆盖类型的空间变化特征。重心坐标（经度、纬度）计算方法：

$$X_t = \frac{\sum_{i=1}^{n}\left(C_{ti} \times X_i\right)}{\sum_{i=1}^{n} C_{ti}} \qquad Y_t = \frac{\sum_{i=1}^{n}\left(C_{ti} \times Y_i\right)}{\sum_{i=1}^{n} C_{ti}} \tag{4-6}$$

式中，X_t、Y_t 分别表示第 t 年某种土地资源分布重心的经纬度坐标；C_{ti} 表示第 i 个小区域该种土地资源的面积；X_i 和 Y_i 分别表示第 i 个小区域的几何中心（或旗、县）的经纬度坐标，n 表示研究区内小区域的总个数。

通过比较研究期初和研究期末各种土地利用/覆盖类型的分布重心，就可以了解研究时段内土地利用/覆盖类型的空间变化特征。

从图 4-4 和表 4-7~表 4-10 可看出，对于研究区域的主要土地利用林地、草地

表 4-7　研究区域土地利用重心变化统计表

Tab. 4-7　The change of land use gravity center in 1980 and 1992

土地利用类型	1980 年重心坐标/（°）		1992 年重心坐标/（°）		转移量
	X	*Y*	*X*	*Y*	
居民地	102.708 06	31.809 26	102.706 98	31.809 28	–0.001 08，2E-05
耕地	102.829 33	31.617 48	102.826 49	31.618 41	–0.002 84，0.000 93
林地	102.849 85	31.573 85	102.851 95	31.568 80	0.0021，–0.005 05
水域	102.910 36	31.535 39	102.910 07	31.535 63	–0.000 29，0.000 24
灌木林地	102.804 52	31.493 71	102.804 33	31.506 25	–0.000 19，0.012 54
未利用地	102.814 61	31.456 55	102.814 70	31.454 13	9E–05，–0.002 42
草地	102.824 98	31.575 04	102.824 86	31.579 28	–0.000 12，0.004 24

表 4-8　研究区域土地利用重心变化统计表

Tab. 4-8　The change of land use gravity center in 1992 and 2001

土地利用类型	1992 年重心坐标/（°）		2001 年重心坐标/（°）		转移量
	X	*Y*	*X*	*Y*	
居民地	102.706 98	31.809 28	102.705 87	31.822 03	–0.001 11，0.012 75
耕地	102.826 49	31.618 41	102.825 06	31.619 49	–0.001 43，0.001 08
林地	102.851 95	31.568 80	102.852 61	31.569 26	0.000 66，0.000 46
水域	102.910 07	31.535 63	102.910 19	31.535 67	0.000 12，4E-05
灌木林地	102.804 33	31.506 25	102.801 72	31.507 46	–0.002 61，0.001 21
未利用地	102.814 70	31.454 13	102.814 76	31.455 85	6E–05，0.001 72
草地	102.824 86	31.579 28	102.826 09	31.577 82	0.001 23，–0.001 46

灌木林地和未利用地而言，它们的重心转移方向不一致。就林地而言，其重心坐标先由高纬度向低纬度转变，然后又由低纬度转向高纬度，其变化相对较为复杂。主要缘于 20 世纪 80 年代末以前森工局对森林的大量采伐，优势种云、冷杉林被大规模采伐后，森林景观有了很大程度的减少，特别是在 1998 年起施行“天保”工程、退耕还林还草工程和生态环境保护工程，在对于海拔和纬度相对高的区域，在一定程度上限制了人类的干扰活动，保留了一定数量的森林资源，所以其重心向纬度较高的地段转移，在一定程度上也促使林线上升，结果造成森林覆

表 4-9 研究区域土地利用重心变化统计表

Tab. 4-9 The change of land use gravity center in 2001 and 2006

土地利用类型	2001 年重心坐标/（°）		2006 年重心坐标/（°）		转移量
	X	*Y*	*X*	*Y*	
居民地	102.705 87	31.822 03	102.706 57	31.813 21	0.0007，–0.008 82
耕地	102.825 06	31.619 49	102.826 54	31.617 38	0.001 48，–0.002 11
林地	102.852 61	31.569 26	102.846 36	31.574 56	–0.006 25，0.0053
水域	102.910 19	31.535 67	102.910 27	31.535 66	8E–05，–1E–05
灌木林地	102.801 72	31.507 46	102.821 61	31.502 82	0.019 89，–0.004 64
未利用地	102.814 76	31.455 85	102.815 11	31.453 52	0.000 35，–0.002 33
草地	102.826 09	31.577 82	102.825 88	31.578 42	–0.000 21，0.0006

表 4-10 研究区域土地利用重心变化统计表

Tab. 4-10 The change of land use gravity center in 1980 and 2006

土地利用类型	1980 年重心坐标/（°）		2006 年重心坐标/（°）		转移量
	X	*Y*	*X*	*Y*	
居民地	102.708 06	31.809 26	102.706 57	31.813 21	–0.001 49，0.003 95
耕地	102.829 33	31.617 48	102.826 54	31.617 38	–0.002 79，–1E–04
林地	102.849 85	31.573 85	102.846 36	31.574 56	–0.003 49，0.000 71
水域	102.910 36	31.535 39	102.910 27	31.535 66	–9E–05，0.000 27
灌木林地	102.804 52	31.493 71	102.821 61	31.502 82	0.017 09，0.009 11
未利用地	102.814 61	31.456 55	102.815 11	31.453 52	0.0005，–0.003 03
草地	102.824 98	31.575 04	102.825 88	31.578 42	0.0009，0.003 38

盖率下降、水土流失严重；对于草地而言，其重心坐标的总体变化是由低纬度向高纬度转变，其分布由低海拔向高海拔地区范围集中，高海拔梯度的分布频率逐渐增加，主要归因于草地挤压高海拔区域的森林采伐迹地。另外，在低纬度和低海拔的地段，受到过度放牧的影响，造成草地退化和沙化现象，面积减少，逐步向高山和相对高纬度地带转移。灌木林地的重心坐标变化也呈现了一定的曲折性，总体上呈现由纬度区域向高纬度、高海拔区域转变，由于亚高山针叶林被采伐后，灌丛在采伐迹地迅速更新形成一定的规模，在人为的干扰下，针叶林景观类型逐

步演化为灌丛针叶林混交景观，形成灌丛景观的逆向演替发展，在施行“天保”工程后，自然演替情况下，灌丛景观逐步演替为灌丛针叶林混交景观[102]，故重心坐标向相对低的纬度地区转移。未利用地的重心坐标呈现一定的折线变化，由高纬度低海拔区域向低纬度高海拔区域转变，主要归因于该区域存在着大量的裸崖地、采伐迹地和部分雪山。

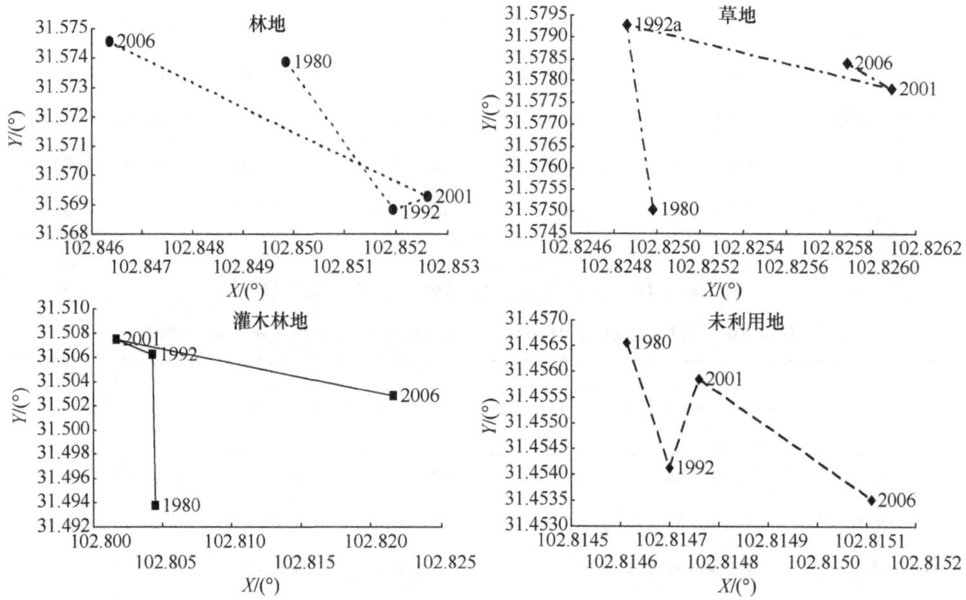

图 4-4 研究区域主要土地利用转移方向

Fig. 4-4 The conversion direction of major land use in study region

4.5 土地利用格局变化的图谱信息

4.5.1 土地利用格局变化信息图谱的构建

“图”是地物空间结构特征的表现，“谱”是地物时间变化规律的反映，“图谱”就是“图”与“谱”的结合，兼有“图形”和“谱性”的特征，即同时反映与揭示事物和现象空间结构特征与时间变化规律的图形表现形式和分析手段[103]。图谱单元是由相对均质的空间单元和相对单一的过程单元（时序单元）集成的，它与地理单元一样，也是多级别、多尺度的，可以依据时空尺度、研究目的及特定的原则进行综合与分类，建立多级别的图谱单元分类体系[104]。土地利用变化图谱单元是进行土地利用“格局与过程研究”的基本时空复合体功能单元。在空间、过程与属性特征的地学分析基础上，建立一系列土地利用图谱，既包含了土地利用状况的空间差异性信息，又包含着地理过程时序变化的信息，它能够将时空变化研究复合为一体，是“格局与过程集成研究”的有效途径[105]。

在 ArcGIS 的支持下，利用“前一时期单元类型图×1000+后时期单元类型图”对 1980 年、1992 年、2001 年和 2006 年四个时期土地利用图谱单元类型图进行地图代数运算。这样以时间序列为轴，对每一个图谱单元的 value 值进行操作，将时间相邻的两期数据两两合成，生成拥有四位 value 值复合数据。此时，每个空间单元的 value 值都记录了自己在不同采样时刻的土地利用状态，也就是说，它就是“记忆”土地利用变化过程的信息单元。它们反映了土地利用“空间和过程”复合特征，是空间-属性-过程一体化数据。经过综合、清除冗余信息、重新分类编码后，就得到 1980~1992 年、1992~2001 年和 2001~2006 年三个时序的土地利用格局变化信息图谱，研究近 26 年来每一个采样时土地利用状况及变化，进而可以分析不同时序单元中土地利用的空间变化，全面掌握土地利用格局的时空变化规律及时空格局的变化过程。

4.5.2 土地利用格局变化信息图谱分析

1. 1980~1992 年土地利用格局变化信息图谱分析

1989~2000 年土地利用格局变化信息图谱（图 4-5），是由 1980 年和 1992 年的土地利用数据合成的。在图谱中，其中 7 种单元的土地利用类型未发生变化，总面积为 210 801.9 hm^2，占研究区总面积的 96.71%，可见在 1980~1992 年 12 年间土地利用变化不是很显著，土地利用总体格局没有发生明显的变化，因此为了简化将其归并为不变类型。此外土地利用的类型发生了变化合计面积为 7169.13 hm^2，占研究区总面积的 3.29%，将其按面积的大小进行排序，并计算其累计百分率，取面积最大的 7 种类型（表 4-11）。

通过对图 4-5 和表 4-11 的分析，可以看出。

（1）1980~1992 年，研究区域土地利用变化面积最大的是林地转变为灌木林地，其面积为 3788.64 hm^2，占全部变化面积的 52.8466%，已经超过总面积

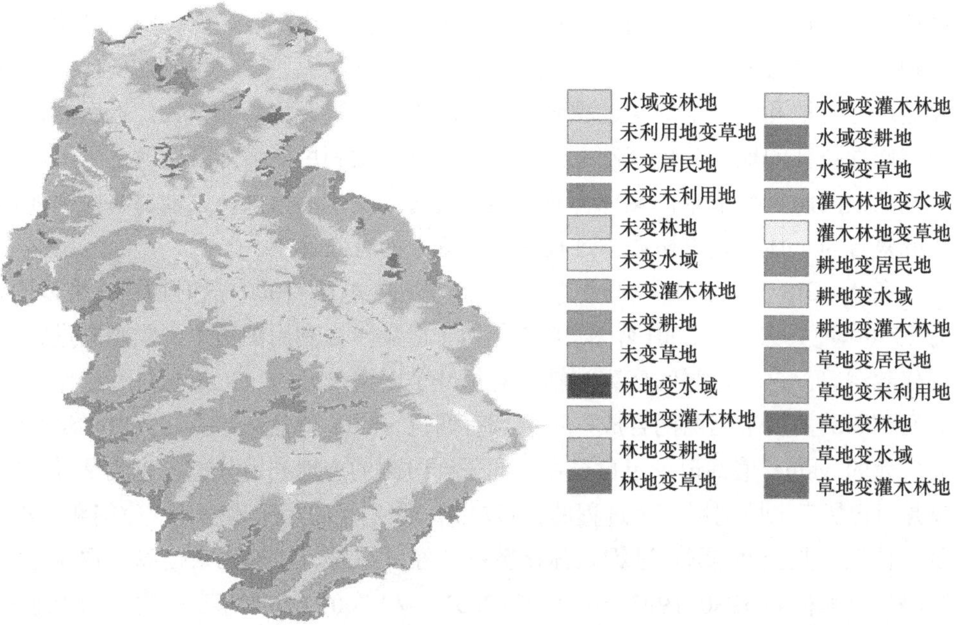

图 4-5　1980~1992 年土地利用格局变化图谱模式

Fig.4-5　The tupu change model of land use pattern from 1980 to 1992

表 4-11　研究区域 1980~1992 年主要土地利用变化类型排序表

Tab. 4-11　The change sort of main landuse in study region from 1980 to 1992

图谱变化类型	面积/hm^2	占变化面积/%	占变化面积累计/%
林地–灌木林地	3788.64	52.8466	52.8466
林地–草地	2003.04	27.9398	80.7864
灌木林地–草地	516.87	7.2097	87.9961
草地–林地	410.76	5.7296	93.7257
草地–灌木林地	160.11	2.2333	95.9590
未利用地–草地	153.36	2.1392	98.0982
林地–耕地	92.88	1.2956	99.3938
其他	43.4593	0.6062	100

变化比例的一半，体现出森林与灌木相互转换突出是林地和灌木林地转换的主要特点，变化面积第二大的类型为林地转变为草地，其变化面积为 2003.04 hm^2，

占全部变化面积的 27.9398%，这两种变化类型累积占变化面积比例的 80.7864%，该两类变化在所有变化中占据绝对的地位，在一定程度上说明研究区域的地利用类型虽仍以林地、灌木林地、和草地为主，但它们的面积发生了较显著的变化，林地面积减少，草地和灌木林地的面积增加，林地、草地和灌木林地之间的转换频繁，且林地转换为灌木林地和草地是人们乱砍滥伐造成的结果，森林采伐后，大部分地区因更新困难，而被灌丛和草地所取代，特别在山原地带最直接的结果是，林线不断下降，草甸下侵，灌丛扩大，林草交错带沙化严重[106]，其结果表现出灌木林地、草地对林地的挤压，生态系统呈现逆向演替。

（2）林地与灌木林地和草地的转换空间主要集中在半山高半山以上区域，说明该区域是岷江上游森林的集中分布和采伐区。对于灌木林地空间分布而言，集中分布在半高山和亚高山半山区，大多为森林群落遭破坏后形成的次生植被，群落外貌多变，结构零乱，灌木种类很多，组成的灌丛类型较复杂优势种不明显[106]；对于草地分布空间而言，同样主要集中分布在半山高半山区和亚高山区，但在高山区也有一定数量的分布，同样草地也主要由于森林植被遭砍伐后形成的，其分布相对集中。总体而言，植被地带性分布明显，但森林带较窄，森林带上下限附近生境恶劣（寒、旱），破坏后更新困难，易逆向演替向上为亚高山灌丛草甸，向下为干旱河谷灌丛，区域生态环境较为脆弱。

2. 1992~2001 年土地利用格局变化信息图谱分析

1992~2001 年土地利用格局变化信息图谱（图 4-6），是由 1992 年和 2001 年的土地利用数据合成的。在图谱中，共生成 32 类图谱单元，其中 7 种单元的土地利用类型未发生变化，总面积为 213 666.57 hm^2，占研究区总面积的 98.03%，同 1980~1992 年相比，不变面积增加了 3286.27 hm^2，其面积比例增加了 1.33%，该结果表明研究区域的土地利用总体格局依旧没有发生明显的变化，仍是以林地、草地和灌木林地为主体的空间分布格局。另外 25 类土地利用的类型发生了变化合计面积为 4304.43 hm^2，占研究区总面积的 1.97%，将其按面积大小进行排序，并计算其累计百分率，取面积最大的 7 种类型（表 4-12）。

通过对图 4-6 和表 4-12 的分析，可以看出。

（1）1992~2001 年，研究区域土地利用变化面积最大的依旧是林地转换为灌木林地，面积为 1547.1 hm^2，占全部变化面积的 35.9420%，同 1980~1992 年相比，

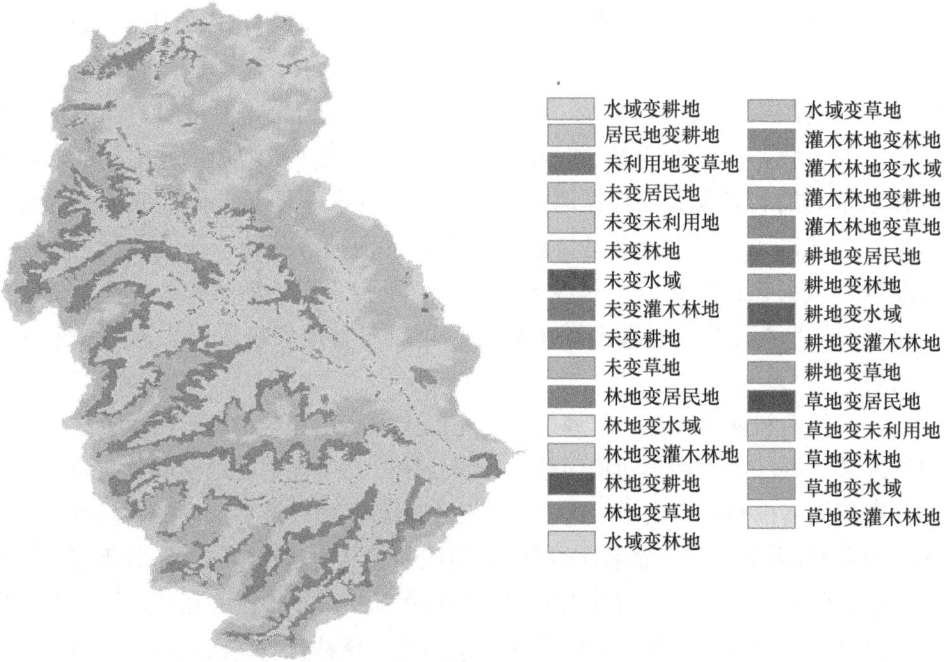

图 4-6　1992~2001 年土地利用格局变化图谱模式

Fig. 4-6　The tupu change model of land use pattern from 1992 to 2001

表 4-12　研究区域 1992~2001 年主要土地利用变化类型排序表

Tab. 4-12　The change sort of main landuse in study region from 1992 to 2001

图谱变化类型	面积/hm^2	占变化面积/%	占变化面积累计/%
林地–灌木林地	1547.1	35.9420	35.9420
林地–草地	1007.91	23.4156	59.3576
灌木林地–草地	656.82	15.2592	74.6168
灌木林地–林地	627.03	14.5671	89.1839
草地–林地	278.64	6.4733	95.6572
草地–未利用地	105.39	2.4484	98.1056
林地–耕地	34.92	0.8133	98.9189
其他	46.54	1.0811	100

面积减少了 2241.54 hm^2，从空间位置上看还是集中分布在半高山和亚高山半山

区，表明林地转化为灌木林地的速度有所降低，主要归因于 1998 年起施行退耕还林工程、天然林资源保护工程和生态环境保护工程，并且研究区加强了森林生态恢复，这些生态保护和重建措施有效地保护了天然林和次生林，促使了森林下界上移，在一定程度上减缓了干旱河谷灌丛带的扩展，使研究区域内森林面积大面积减少的趋势得到了一定的遏制。

（2）变化面积第二大的类型是林地转化为草地，变化面积为 1007.91hm^2，占全部变化面积的 23.4156%，同 1989~1992 年相比，面积减少了 995.13 hm^2，林地转化为草地速度的减缓同样在很大程度上还是主要归功于天然林资源保护工程和生态环境保护工程等工程的推行。

同 1980~1992 年相比，研究区域的主要土地利用的变化趋势依旧是林地面积减少，草地和灌木林地面积增加，但林地、草地和灌木林地之间的转换较为频繁，且减少和增加的速度都有所缓解。虽然本时期研究区域实施了天然林资源保护工程和退耕还林工程，使林地面积减少的速度得到了一定的缓解，这在一定程度上遏制了区域生态环境恶化的势头，但却难以一时改变区域生态系统严重受损，但是从土地利用格局的总体来看，还是没有改变草地和灌木林地挤压林地的形势。

（3）林地转换为耕地的面积为 34.92 hm^2，占全部变化面积的 0.8133%，同 1980~1992 年相比，转换面积减少了 57.96 hm^2，但该时期耕地面积有所增加，主要与人口密度和人类产业活动强度增加有较大关系，但是从变化结果来看，一方面说明林地转换为耕地的变化趋势得到了一定的遏制，另一方面也说明耕地的来源有所增加。但是从总体而言，毁林开荒的现象还是没有得到根本的遏制。

（4）草地转换为未利用地的面积为 105.39 hm^2，占全部变化面积的 2.4484%，该地类的变化和 1980~1992 年的未利用地转化为草地刚好相反。由于研究区域的草地多处于高海拔的地区，气候严寒，草地生态系统相对脆弱，随着人口的增加，加上长期以来，由于利用不合理、管理不善等人为因素，尤其一些过垦、过牧等不合理的土地利用方式，在一定程度上造成草地生态环境遭受破坏，草地退化、沙化、水土流失等现象日益突出[1]，加速了草地转换为未利用地的步伐，生态功能弱化严重。

（5）1980~1992 年各个土地利用变化的总面积为 7169.119 hm^2，1992~2001 年，各个土地利用变化的总面积为 4304.35 hm^2，从面积变化上看，后一个时段面积减少了 2864.769 hm^2，但从变化程度上看，后一时段 9 年间的变化幅度要小一些，研究区域的土地利用变化的主导类型没有发生变化，多数类型的变化相差不大。

3. 2001~2006 年土地利用格局变化信息图谱分析

2001~2006 年土地利用格局变化信息图谱（图 4-7），是由 2001 年和 2006 年的土地利用数据合成的。在图谱中，其中 7 种单元的土地利用类型未发生变化，总面积为 212 544.45 hm^2，占研究区总面积的 97.51%，另外土地利用的类型发生了变化合计面积为 5426.55 hm^2，占研究区总面积的 2.49%，将其按面积的大小进行排序，并计算其累计百分率，取面积最大的 15 种类型（表 4-13）。

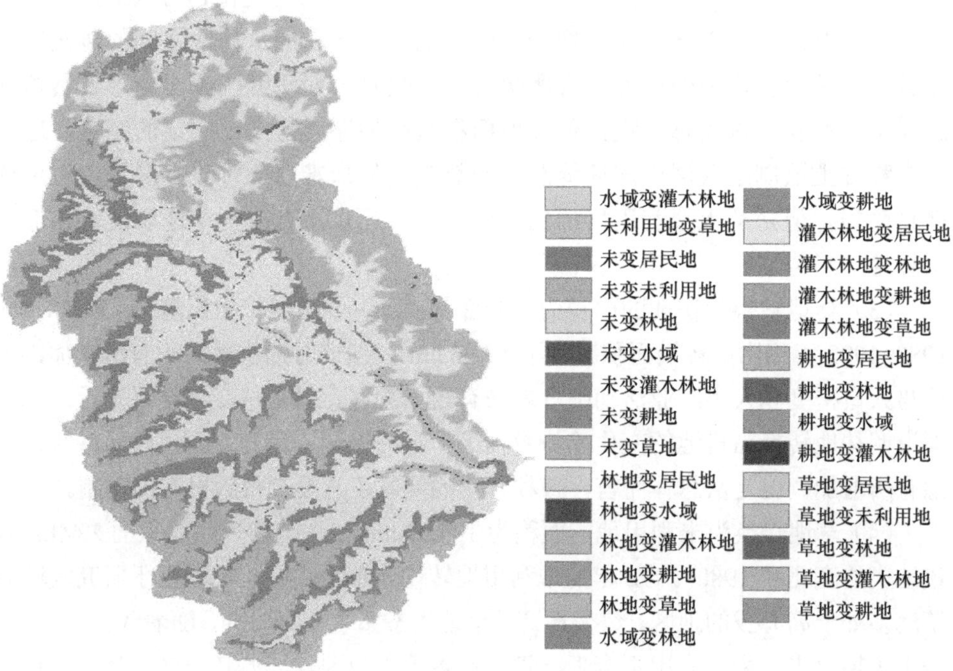

图 4-7　2001~2006 年土地利用格局变化图谱模式

Fig. 4-7　The tupu change model of land use pattern from 2001 to 2006

通过对图 4-7 和表 4-13 的分析，可以看出。

（1）2001~2006 年，研究区域土地利用变化面积最大的是林地转化为灌木林地，面积为 4994.91 hm^2，占全部变化面积的 92.0458%，其转化面积远远大于其

表 4-13　研究区域 2001~2006 年主要土地利用变化类型排序表

Tab. 4-13　The change sort of main land use in study region from 2001 to 2006

图谱变化类型	面积/hm^2	占变化面积/%	占变化面积累计/%
林地–灌木林地	4 994.91	92.0458	92.0458
林地–草地	169.38	3.1213	95.1671
未利用地–草地	109.89	2.0250	97.1921
草地–林地	95.85	1.7663	98.9584
灌木林地–林地	14.58	0.2687	99.2271
耕地–林地	11.7	0.2156	99.4427
耕地–居民地	5.22	0.0962	99.5389
其他	25.022	0.4611	100

他两个阶段的。究其缘由，一方面可能由于自 20 世纪 90 年代后期，集中实施了天然林资源保护工程和退耕还林工程，森工局和地方林业局的工作重点由采伐变为植树和管护，对采伐迹地实施人工营造人工林或者实施天然更新，但由于林业政策导向和经费不足，各林场重视育苗造林环节与前期未成林抚育管理，忽视了幼林的抚育[107]，特别在高山峡谷区域的幼林抚育更新未及时跟上，从而形成一定规模的郁闭度较小的疏林地，在遥感图像解译时，把这部分疏林地解译为灌木林地，从而在数量上加大了林地转化为灌木林地的变化量；另一方面可能由于在干旱河谷地带内的居民生活中需要樵采薪柴作为燃料，频繁砍伐樵采林木，此外砍伐高山栎林烧制木炭出售，在人为干扰较少、水分条件好的地段，高山栎林砍伐后演替为高山栎次生林。在人为干扰强烈、水分条件差的地段，高山栎林砍伐后退化为高山栎灌丛、河谷旱生灌丛，促使落叶阔叶林退化为落叶阔叶灌丛[108]。

（2）变化面积第二大的类型是林地转化为草地，变化面积为 169.38 hm^2，占全部变化面积的 3.1213%。同前两个阶段相比，本阶段林地向草地和灌木林地的转化数量有所减缓，在一定程度上说明了退耕还林工程、天然林资源保护工程和生态环境保护工程起到了一定的作用。

（3）耕地转化为林地的面积为 11.7 hm^2，占总变化面积的 0.2156%，其变化数量远大于两个阶段的变化量，再次表明了天然林资源保护工程和退耕还林工程已经起到了一定的作用，我们已经看到了生态环境保护工程的成绩，区域生态环境恶化的势头在一定程度上得到了遏制。

（4）耕地转化为居民地的面积为 5.22 hm^2，由于本阶段耕地面积有所减少，而居民地面积有所增加，说明研究区域由于人口的增长，经济的发展，以往居民点建设主要来源于林地的土地利用方式有所改变。

4. 1980~2006 年土地利用格局变化信息图谱分析（图 4-8）

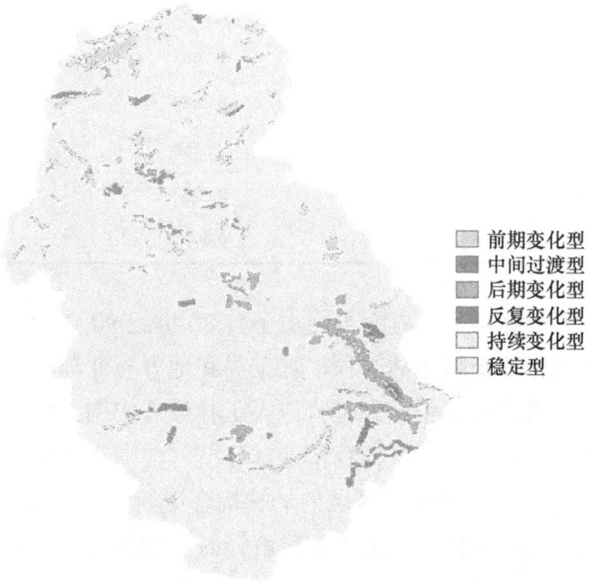

图 4-8　1980~2006 年土地利用格局变化图谱模式

Fig. 4-8　The tupu change model of land use pattern from 1980 to 2006

将 1980 年、1992 年、2001 年、2006 年四个时期土地利用图谱单元类型进行重组，可得到 26 年来研究区域的土地利用变化模式信息图谱，其中土地利用方式一直保持不变的面积为 201 676.5 hm^2，占研究区总面积的 92.52%，而发生变化的 16 294.5 hm^2，占研究区总面积的 7.48%。在其土地利用变化模式信息图谱中，反映了 26 年间土地利用变化的演化历程。为了简单直观地反映土地利用时空变化的规律性，将图谱变化模式概括为以下 6 种类型。

（1）前期变化型：在四期数据中，只是 1980~1992 年发生变化，而在其他时期类型未发生变化。

（2）后期变化型：在 2001~2006 年发生变化，而在其他时期类型未发生变化。

（3）中间过渡型：在 1992~2001 年发生变化，而在其他时期类型未发生变化，但未变化的土地利用类型完全不同。

（4）反复变化型：在 1980~2006 年间至少发生两种类型的变化，但在 2006 年又变回原来类型。

（5）持续变化型：在 1980~2006 年间至少发生两种类型的变化，但在 2006 年也未还原成原来类型。

（6）稳定型：在 1980~2006 年都保持不变，未发生变化的类型。

将 26 年来研究区域土地利用变化图谱按上述 6 种变化趋势进行重编码，即得到 1980~2006 年土地利用格局变化模式信息图谱（图 4-8，表 4-14）。

表 4-14　研究区域 1980~2006 年主要土地利用变化类型排序表

Tab. 4-14　The change sort of main landuse in study region from 1980 to 2006

图谱变化类型	面积/hm^2	占总面积/%	最大图谱演变类型	面积/hm^2
前期变化型	6 758.28	3.100 5	林地–灌木–灌木–灌木	3 442.86
中间过渡型	3 770.82	1.730 0	林地–林地–灌木–灌木	1 544.94
后期变化型	4 943.79	2.268 1	林地–林地–林地–灌木	4 735.53
反复变化型	720.36	0.330 5	林地–灌木–草地–林地	333
持续变化型	101.25	0.046 5	未利用地–草地–灌木–草地	89.37
稳定型	20 1676.5	92.524 5	林地–林地–林地–林地	89 123.94

（1）1980~2006 年稳定型图谱单元在各类变化模式图谱单元中占比例较大，占研究区总面积的 92.5245%，在整个研究区域中处于绝对的优势地位，在空间分布上几乎散布于研究区各地。但是在稳定型图谱变化模式中面积最大的是“林地–林地–林地–林地”的变化模式，面积为 89 123.23 hm^2，占稳定型图谱的 88.2667%，林地作为研究区域的基质景观，在每个时期占据较大的比例，其优势度较为明显，且对区域景观有较强的控制作用，与研究区域的实际情况是相符的。

（2）前期变化型是面积第二大图谱单元，变化面积 6758.28 hm^2，占研究区总面积的 3.1005%，主要分布研究区域的北部区域，其中占变化类型比例最大的是“林地–灌木–灌木–灌木”的变化模式，这种变化模式主要说明了林地减少的去处主要是灌木，由于该地区森林被采伐，特别是在 1980 年呈现森林资源锐减的状况，由于森林采伐后，大部分地区因林地更新，森林资源得不到有效的生态恢复，反而被灌丛所取代，在山原地带尤其表现明显，故呈现森林群落遭破坏后形成次生植被这种变化。此外，随着人口的增长，对生活用薪炭材的需求量渐大，出现了过度樵采的现象。据调查，五口之家年耗木材多达 1.5 万~2 万斤①[106]。因此对于研究区域多数村寨周围的森林而言，其被破坏后演化为灌木林也是其中的一个原因。

（3）后期变化型的变化面积 4943.79 hm^2，占研究区总面积的 2.2681%，集中分布于研究区域西南部的干旱河谷地带。其中占变化类型比例最大的是“林地–林地–林地–灌木”的变化模式，其变化面积为 4735.53 hm^2，从该土地利用的变化方式再次表明了灌木林地的来源方式主要是林地，由于森林下界上移及过度樵采林木等方式的影响下，促使林地蜕变成灌丛的面积呈现明显增加的趋势，促使干旱河谷灌丛扩大，从而加速土壤侵蚀。该结果从另一个角度表明干旱河谷区域天然林的恢复更需要一个很缓慢的过程。

（4）中间过渡型的面积变化为 3770.82 hm^2，其所占比例为 1.7300%，其中占变化类型比例最大的变化模式是“林地–林地–灌木–灌木”。

就前期变化型、后期变化型和中间过渡型变化比例最大的变化模式开始的土地利用类型都是林地，而最终的结果都是灌木林地。虽然自 1998 年以来，“天保”工程、退耕还林还草工程逐步启动，研究区域的林业生产已经发生了转型，森林的利用方式由采伐转变为保护和抚育，且薪炭林的利用由滥砍滥伐转变为定点定量定时，森林功能发生了变化，但是林地依旧呈现减少的趋势，再次表明了由次生天然林（残次原始林）、人工林、草地、高寒灌丛和次生灌丛组成的格局现状要转变为原始林、草地和高寒灌丛为主的格局仍有很长的路要走。

（5）反复变化型是面积较小的变化图谱类型，面积为 720.36 hm^2，占研究区总面积的 0.3305 %，同样集中分布于研究区域南部的干旱河谷地带，其中占变化类型比例最大的变化模式是“林地–灌木–草地–林地”的。“林地–灌木林地–草地”地在一定程度上表明了该区域由森林资源被采伐，由于经营措施采取重采轻造，结果造成采育失调，森林资源锐减，造成林线不断下降，草甸下侵，灌丛扩大，在一定程度上造成生态环境不断恶化，而“草地–林地”则表明国家政策大力推行，使得“退耕还林”得以实现，再次表明退耕还林工程、生态环境保护工程、天然林资源保护工程等一系列生态建设和环境保护政策取

① 1 斤=500g，后同。

得了一定的成就。

（6）持续变化型是面积最小的图谱单元，面积为 101.25 hm^2，占研究区总面积的 0.0465%。其中第一大变化图谱类型是“未利用地–草地–灌木林地–林地”，面积为 101.25 hm^2，该变化类型主要集中分布于半高山半山区，从而形成“草地–灌木林地–林地”等交错的亚高山灌丛草甸带的格局现状，该变化模式在一定程度也归功于生态环境保护工程和天然林资源保护工程等工程的推行。

本章小结

借助于 ArcGIS 9.2 的强大空间分析功能，结合土地利用动态变化研究技术、方法、研究模型，对研究区 1980~2006 年的土地利用/覆盖变化情况，从土地利用结构、土地利用综合度、基于地形基础的土地利用、质心空间模型和图谱信息的变化等多个角度进行了细致的分析，主要得出以下结论。

（1）1980~2006 年杂谷脑河流域的土地利用类型变化表现为林地和未利用地面积减少；灌木林地、草地、耕地、居民地和水域面积增加的态势，林地面积减少的最大，未利用地面积减少的最小；灌木林地面积增加的最大，水域面积增加的最小。

（2）1980~2006 年三个时段内，居民地的动态度都比较大，其平均动态度最大，总体上转移变化的速率呈增长的趋势；其次是灌木林地的动态度，而林地的动态度值较小。总体而言，研究区域的土地利用变化不是很剧烈，各个时期的土地利用类型表现为林地、灌木林地和草地等为主体，其他土地利用类型镶嵌分布的格局，总的土地格局几乎没有发生变化。

（3）采用 5 km×5 km 的格网作为统计单元，并在 ArcGIS 的支持下，对土地利用综合程度指数按自然断裂法（natural break）进行空间聚类，计算研究区域的土地利用综合指数的空间分布格局，土地利用综合程度指数较高的区域主要在杂谷脑河流域沿岸的区域，这主要归因于该区域气候适宜，适宜人口生存，人类的干扰程度较大，呈现出不同土地利用兼备的格局现状。

（4）林地的重心坐标先由高纬度向低纬度转变，然后又由低纬度转向高纬度，其变化相对较为复杂；草地重心坐标的总体变化是由低纬度向高纬度转变，分布由低海拔向高海拔地区范围集中，高海拔梯度的分布频率逐渐增加；灌木林地的重心坐标变化也呈现了一定的曲折性，总体上呈现由纬度区域向高纬度、高海拔区域转变；未利用地的重心坐标呈现一定的折线变化，由高纬度低海拔区域向低纬度高海拔区域转变，主要归因于该区域存在着大量的裸崖地、采伐迹地和部分雪山。

（5）1980~2001 年，在河谷区主要形成“森林–耕地–水域”等交错的区域景观格局；2006 年主要形成“森林–灌木林地–耕地”等交错的区域景观格局；半高山区主要形成“森林–灌木林地–草地”等交错的亚高山针叶林带的格局现状；半高山半山区主要形成“草地–灌木林地–林地”等交错的亚高山灌丛草甸带的格局现状，该地带是森林景观向草地景观的过渡地带；高山区主要形成“草地–未利用地–林地”等交错的高山草甸带区域格局。

（6）居民地在各个坡度分区上都有分布，主要集中分布在平坡上，其次是陡坡区域，在该区域的分布呈现递增的趋势；耕地在各个坡度都有分布，在缓坡上的分布占据优势地位，呈现先增加（1980~2001 年）后减少（2001~2006 年）的趋势；林地和灌木林地的分布趋势相同，都是在陡坡上处于优势地位，其次是平坡，林地在陡坡区域一直呈现减小的趋势；水域主要集中分布在平坡区域，说明该地类对地形的选择有很强的限制性；未利用地在各个坡度区域都有分布，都集中分布在陡坡区域，呈现先增加后减小的趋势。

（7）居民地和水域在坡向分级上的分布大体相同，都是在无坡向区域的面积达到最大，居民地在半阴坡面积达到最小，水域在阴坡的面积达到最小；耕地主要集中分布于阳坡和半阳坡，在阳坡上的分布面积最大；林地主要分布于半阳坡和半阴坡区域，且半阴坡的分布面且半阴坡的分布面积要稍小于半阳坡分布面积数量；草地和灌木林在各坡向上的分布差异明显；灌木林地在阳坡上的分布比阴坡偏多，草地的分布阴坡比阳坡偏多。

（8）1980~2006 年稳定型图谱单元在各类变化模式图谱单元中占比例较大，占研究区总面积的 92.5245%，在整个研究区域中处于绝对的优势地位，在空间分布上几乎散布于研究区各地。但是在稳定型图谱变化模式中面积最大的是“林地–林地–林地–林地”的变化模式，面积为 89 123.23 hm^2，占稳定型图谱的 88.2667%，林地作为研究区域的基质景观，且对区域景观有较强的控制作用。

（9）前期变化型是面积第二大图谱单元，变化面积 6758.28 hm^2，占研究区总面积的 3.1005%，面积比例最大的变化模式是“林地–灌木–灌木–灌木”；

后期变化型的变化面积 4943.79 hm^2，占研究区总面积的 2.2681%，面积比例最大的变化模式是“林地–林地–林地–灌木”；中间过渡型的面积变化为 3770.82 hm^2，其所占比例为 1.7300%，其面积最大的变化模式是“林地–林地–灌木–灌木”。

（10）反复变化型是面积较小的变化图谱类型，面积为 720.36 hm^2，占研究区总面积的 0.3305 %，面积变化类型比例最大的变化模式是“林地–灌木–草地–林地”；持续变化型是面积最小的图谱单元，面积为 101.25 hm^2，占研究区总面积的 0.0465%。其变化最大变化模式是“未利用地–草地–灌木林地–林地”，面积为 101.25 hm^2，形成“草地–灌木林地–林地”等交错的亚高山灌丛草甸带的格局现状。

5　土地利用景观格局动态演变分析

土地利用类型是由大大小小的斑块组成的，斑块的空间分布特征即为景观格局[109]。景观格局是由自然或人为形成的，是一系列大小、形状各异，排列不同的景观要素共同作用的结果，是各种复杂的物理、生物和社会因子相互作用的结果[110-113]。就景观生态而言，景观格局是将嵌块体类型视为土地利用类型[106]，可以用一定级别的土地利用类型表述景观中的嵌块体类型，土地利用空间格局是景观过程在一定时间片断上的具体体现。因此，对景观格局的分析有助于探讨景观空间动态变化与土地利用过程的相互关系，进而揭示景观格局与生态过程的关系[114, 115]，因地制宜地制定可持续发展的土地利用政策。

景观格局动态分析是景观生态学研究的核心内容之一，景观格局及其变化和发展是自然、生物和社会要素相互作用的结果，景观斑块的形状、大小、数量和空间组合反映了人类活动的强度、经济的发展程度、生物物种的分布、水系水网格局、土地利用水平等特征[116]。利用 GIS 和 RS 相结合的技术手段，研究生态景观格局及其动态变化，是地理信息科学的前沿领域，也是景观生态学的重要方向。

景观格局变化的定量分析可以从景观指数的变化上反映出来，景观指数是量化描述景观格局特征的主要方法之一，该指数能够高度浓缩景观格局的信息，反映其结构组成和空间配置某些方面特征的简单定量指标。由于景观指数易于理解且生态学意义较明确，所以景观指数法比其他方法得到更普遍的应用。因此通过对一些景观格局指数的分析，可在一定程度上从空间格局反映景观系统功能的变化和空间结构的度量化。本文主要选取下列景观指标定量分析 1980~2006 年研究区域的空间格局变化，探讨研究区域土地景观镶嵌结构及其演化特征。

5.1 景观格局指数

景观格局的研究已有较多数量化指标，结合斑块指标比较结果，选择以下几类格局指标分析研究区域的景观类型斑块和整体特征。

5.1.1 类型斑块特征指数

（1）斑块平均面积（average patch area，AREA-MN）是景观中某类景观要素斑块面积的算术平均值。

$$\overline{A_i}=\frac{1}{n_i}\sum_{j=1}^{n_j}a_{ij} \tag{5-1}$$

式中，n_i 表示某类景观的斑块数目；其值的分布区间对图像或地图的范围及对景观中最小斑块粒径的选取有制约作用，可以表征景观的破碎化程度。

（2）斑块数（number of patches，NP）指某一景观或斑块类型中所有相关斑块的数目。

$$NP=\sum_{i=1}^{n}n_i \tag{5-2}$$

包括整个景观的斑块数量和单一类型的斑块数量，是测度某一景观类型范围内景观分离度与破碎性最简单的指标。该指标随各因子的变化趋势比较稳定，只在相对面积系列和类型数目系列的类型水平上出现了峰值。

（3）斑块密度（patch density，PD）是指景观中某一类景观要素的单位面积斑块数。

$$PD=\frac{N}{A} \tag{5-3}$$

式中，N 为某类景观斑块的个数；A 为景观要素面积。

斑块密度反映景观被分割的破碎化程度，同时也反映景观空间异质性程度，在一定程度上反映人为因素对景观的干扰程度。PD 愈大，破碎化程度愈高，空间异质性程度也愈大。

（4）边界密度（edge density，ED）是指景观中所有的斑块边界总长度除以景观总面积，边界密度包括景观边界密度和景观要素边界密度（或称类斑边界密度）。景观边界密度（ED）是指研究景观范围内单位面积上异质景观要素斑块间的边界长度。景观要素边界密度（EDi）是指研究对象单位面积上某类景观要素斑块与其相邻异质斑块之间的边界长度。单位面积上的边界长度值大，景观被边界割裂的程度高；反之，则景观保存完好，连通性高。其计算公式：

$$\begin{aligned}ED&=\frac{1}{A}\sum_{i=1}^{m}\sum_{j=1}^{n}p_{ij}\\ EDi&=\frac{1}{A}\sum_{j=1}^{n}p_{ij}\end{aligned} \tag{5-4}$$

式中，E 是景观类型 i 的边界总长度；A 为研究区的总面积。

因此，该指标揭示了景观或类型被边界的分割程度，可用于分析景观的边界效应。

（5）分维数，（practal dimension，PAFRAC）是分维几何在自然科学中的主要应用所在，在景观生态学中主要用来测定斑块形状的复杂程度，以定量描述景观格局。非欧几何不规则图形的周长 P 与其面积 A 之间的关系可以表示：

$$P^{\frac{1}{Df}} \infty A^{\frac{1}{2}}$$

式中，Df 是不规则图形边界的分维数。

由上式可知，图形的面积、周长与分维数之间存在如下关系：

$$\ln P = \mathrm{C} + \frac{Df}{2} \ln A \tag{5-5}$$

$$Df = 2 \times \ln(P/4)/\ln A \tag{5-6}$$

式中，C 为常数，其中 C=ln4 ；Df 表示分维数；P 为斑块周长；A 为斑块面积。

景观生态学中的分维数值的理论范围为 1.0~2.0，分维数值趋近于 1.0，表明斑块的几何形状越趋近于简单，斑块的自相似性越强，斑块形状越有规律，表明受干扰程度越大。分维数值趋近于 2.0，表示同等面积下周边最复杂的图形，即该景观斑块的形状最复杂[118，119]。

分维数是反映景观格局整体特征的重要指标，它能在一定程度上反映出人类活动对景观格局的影响，分维数高，景观的几何形状复杂。

5.1.2　景观异质性特征

（1）均匀度指数（Shannon's evenness index，SHEI），是描述景观里不同生态系统的分配均匀程度。

$$SHEI = \frac{H}{H_{\max}} \tag{5-7}$$

$$H_{\max} = \log_2 m \tag{5-8}$$

式中，H 是 Shannon-Weaver 多样性指数。

生态意义：SHEI 与 SHDI 指数一样也是比较不同景观或同一景观不同时期多样性变化的一个有力手段，SHEI 与优势度指标（dominance）之间可以相互转换（即 evenness=l-dominance），即 SHEI 值较小时优势度一般较高，可以反映出景观受到一种或少数几种优势斑块类型所支配，SHEI 趋近于 1 时优势度低，说明景观中没有明显的优势类型且各斑块类型在景观中均匀分布。优势度指数侧重于景观结构组成中一种或一些景观要素类型支配景观程度。它是通过计算最大可能多样性指数的离差，用于测定景观结构组成中一种或一些景观要素类型支配景观程度。

（2）景观多样性指数（Shannon's diversity index，SHDI），是对不同景观的丰富程度和复杂程度的反映，描述不同景观元素面积比重分布的均匀程度及主要景观元素的优势性程度。

景观多样性指数是根据信息论原理，参考 Shannon-Weaner 指数而确定的，其计算公式：

$$SHDI = -\sum_{i=1}^{m} p_i \times \log_2(p_i) \tag{5-9}$$

式中，m 为景观要素类型数目；P_i 为第 i 景观类型所占的面积比例。

在景观多样性的测度上，即在一个景观系统中，景观要素类型越丰富，破碎化程度越高，其信息含量和信息的不确定性也越大。

SHDI 是一种基于信息理论的测量指数，在生态学中应用很广泛。该指标能反映景观异质性，特别对景观中各斑块类型均衡分布状况较为敏感，即强调稀有斑块类型的贡献，这也是与其他多样性指数不同之处。如在一个景观系统中，土地利用越丰富，破碎化程度越高，其不定性的信息含量也越大，计算出的 SHDI 值也就越高。

（3）景观优势度（dominance index，DI），用于测度景观结构组成中一种或少数景观要素类型支配景观的程度，是用多样性指数的最大值与实际计算值之差。其公式：

$$DI = H_{max} + \sum_{i=1}^{m} P_i \times \log_2(P_i) \tag{5-10}$$

式中，H_{max} 是多样性指数的最大值；P_i 是斑块类型 i 在景观中出现的概率；m 是景观中斑块类型的总数。

景观优势度大，表明各景观类型所占比例差别大，其中一种或某种景观类型占优势；优势度小，表明各类型所占比例相当；优势度为 0 即 $H=H_{max}$ 时，表明各景观类型所占比例相等，没有一种景观占据优势。

5.1.3 景观要素空间相互关系指标

（1）聚集度指数（aggregation index，AI）源于斑块类型水平上的邻近矩阵的计算，在景观水平上则是通过各个类型斑块面积加权平均计算而得。其公式：

$$AI=\left[\sum_{i=1}^{m}\left(\frac{g_{ij}}{max-g_{ij}}\right)\times P_i\right](100) \tag{5-11}$$

式中，g_{ij} 为类型斑块像元毗邻的数量；max 为第 i 类型斑块像元可能毗邻的最大数量；P_i 为包含 i 类型斑块的景观所占比例。

就斑块类型水平而言，景观中的同类型斑块被最大程度的离散分布时，其聚集度为 0；当此类型斑块聚集的更加紧密时，聚集度也随之升高；当景观中的此类型斑块被聚合成一个单独的、结构紧凑的斑块时，聚集度为 100。测量这一个景观的聚集度可以解释该景观组分的可能的最大邻近度。

（2）分离度指数（separate index，S），是描述某一景观类型中不同元素个体分布的离散程度。陈利顶等计算的分离度公式[120]：

$$S=\frac{D_i}{B_i},\quad D_i=\frac{1}{2}\times\left(\frac{N_i}{A}\right)^{\frac{1}{2}},\quad B_i=\frac{A_i}{A} \tag{5-12}$$

式中，N_i 为第 i 种景观类型的斑块数；A_i 为第 i 种景观类型所占的面积；A 为研究区域的总面积。

分离度可以反映区域景观镶嵌体中同一景观类型的不同斑块个体的分布情况，其分离度越大，表示该景观类型的斑块分布越分散，不同景观类型之间的演替就越频繁。

（3）蔓延度指数（contagion，CONTAG）的取值范围在 0~100，当 CONTAG 接近于 100 时，代表景观由以少数大斑块为主的或同一类型斑块类型高度连接，CONTAG 值小则代表景观由许多离散的小斑块组成，该指数反映景观不同嵌块类型的聚集和延展程度，高蔓延度值表明景观中的某种优势组分形成了良好的连接性，反之，低蔓延度值表明高度不连接的景观多属于人类活动所干扰的，或是由于地形分割而形成了许多小斑块，景观破碎化。与多样性指数和匀均度指数不同之处，聚集度指数明确考虑斑块类型之间的相邻关系，能够充分反映景观组分间的空间配置特征。其计算公式：

$$CONTAG = 1 + \sum_{i=1}^{n}\sum_{j=1}^{m} P_{ij} \ln(P_{ij}) \frac{P_{ij}\ln(P_{ij})}{2\ln(M)}(100) \tag{5-13}$$

式中，m 为景观中斑块类型的总数，P_{ij} 为斑块类型 i 和 j 相邻的概率。

5.2 景观格局动态变化分析

5.2.1 主要景观类型的格局和过程分析

研究区域总面积 2179.71 km^2，区域景观类型划分为 7 个一级景观和 7 个二级景观类型，各景观类型面积、斑块数量与优势度分布不均衡，差异明显（表 5-1，表 5-2）。区域自然景观（森林景观、草地、灌木林地、岩石裸露地等）占绝对主导地位，面积总和均达到 90%以上，而半自然景观、人为景观（迹地、农地、居民地等）占据较小的比例。说明杂谷脑河流域是以自然景观为主导区域的景观格局特征，人为景观则明显处于支配地位，这与研究区居住的人口数量及经济发展程度有关，由于该地区人口总数相对较小，因而人为活动形成的景观类型面积比例小。

表 5-1 研究区域斑块类型指数

Tab. 5-1 The patch type index of study region

类型	林地	耕地	灌木林地	水域	居民用地	未利用地	草地
NP1980	13	74	24	170	5	56	26
NP1992	14	77	30	162	5	54	27
NP2001	15	80	31	168	5	56	31
NP2006	15	80	44	166	5	55	31
AREA-MN80	7885.33	17.1292	1394.0062	4.7769	2.3940	252.6396	2529.4673
AREA-MN92	6961.31	17.6295	1215.6030	5.0106	2.7360	259.7367	2512.4400
AREA-MN01	6385.94	17.2496	1184.9516	4.8321	2.3400	252.0868	2229.9358
AREA-MN06	6049.56	17.0550	948.0805	4.8925	3.8880	254.7425	2235.6523
PD80	0.0060	0.0339	0.0110	0.0780	0.0026	0.0257	0.0119
PD92	0.0064	0.0353	0.0138	0.0743	0.0022	0.0248	0.0124
PD01	0.0069	0.0367	0.0142	0.0771	0.0025	0.0259	0.0144

续表

类型	林地	耕地	灌木林地	水域	居民用地	未利用地	草地
PD06	0.0071	0.0369	0.0202	0.0762	0.0023	0.0252	0.0142
ED80	9.8335	0.9638	7.5899	1.7371	0.0187	3.0221	9.1563
ED92	10.4410	1.0222	8.3224	1.7305	0.0201	2.9774	9.3062
ED01	10.6659	1.0263	8.5748	1.7302	0.0184	3.0187	9.6387
ED06	10.9542	1.0282	9.7605	1.7294	0.0231	2.9844	9.6166
PAFRAC80	1.4090	1.3086	1.5349	1.6135	1.0560	1.3952	1.3191
PAFRAC92	1.4083	1.3174	1.6028	1.6180	1.0556	1.3936	1.3173
PAFRAC01	1.4121	1.2847	1.6064	1.6148	1.0621	1.3962	1.3240
PAFRAC06	1.4234	1.2890	1.6383	1.6201	1.0473	1.3924	1.3128

表 5-2 研究区域斑块要素空间关系指数

Tab. 5-2 The patch type index of study region

景观指数	林地	耕地	草地	水域	居民用地	灌木林地	未利用地
80AI	98.5032	88.2993	97.69	65.7202	81.8182	96.4447	95.8779
80S	4.5288	999.5964	24.3869	1856.3792	154 724.337	142.8061	241.4948
92AI	98.3259	88.3957	97.7198	65.8393	81.4346	96.4164	95.8906
92S	5.3672	942.8690	24.4448	1856.8423	129 369.2018	132.4086	241.6691
01AI	98.2582	88.5430	97.6843	65.8487	82.7957	96.3284	95.8714
01S	5.5767	909.387	25.2841	1866.460	115 464.5592	133.1252	241.5928
06AI	98.1079	88.4581	97.6948	65.8808	86.5672	96.3082	95.8836
06S	6.2398	936.736	26.5750	2243.591	56 563.1592	127.4506	241.707 91

1. 林地景观

林地面积表现为持续减少的趋势，面积比例由 1980 年的 47.03%下降到 2006 年的 41.63%。林地面积在减少的同时，斑块数量反而呈略微增加的趋势，说明受人类有组织的开发和干扰逐渐增强，林地斑块由集中趋向分散化，斑块平均面积明显减少，由 1980 年的 7885.33hm^2，减少到 2006 年的 6049.56 hm^2，减少率为 23.28%。斑块密度由 1980 年的 0.0060，增加到 2006 年的 0.0071，且呈现增加的趋势，表明林地的破碎度呈增加的趋势。林地边界密度呈增加的趋势，从 1980

年的 9.8335 增加到 2006 年的 10.9542，由于林地由集中趋向分散分布，尤其是以桦木林、山杨林为主的阔叶先锋树种的更新在林区内普遍而大量的发生，边界扩展侵入其他森林类型出现复杂的交错带，灌丛扩大，林草交错带沙化严重，在总体上导致了边界总长度的增加，从而造成了边界密度的增加。林地的分维数呈现先减小而后略微增加的趋势，表明人类有组织的开发和干扰逐渐减弱，斑块的形状趋于不规则化和复杂化，主要归因于行生态退耕、封山育林，严禁采伐等政策的落实，使人为对林地的破坏有所减缓。林地的分离度呈现增加的趋势，从 1980 年的 4.5288 增加到 2006 年的 6.2398，而聚集度呈现减少的趋势，由 1980 年的 98.5032 减少到 2006 年的 98.1079，表明林地的斑块趋向分散分布，破碎化程度加剧；林地景观和其他类型斑块相互分散交错分布，林地景观的连接性减少，不相同类型之间连通性好，景观的异质程度较高；虽然加大了该时期的景观类型的多样性，但不利于景观功能的整体发挥，因此要继续加强人类的干扰和管理等生态措施，减缓对林地的破坏。

就整体景观格局而言，在所有景观类型中，林地景观的聚集度最大，分离度最小，表明林地在所有景观类型中集中分布程度最高，而且所占面积比例比较大，构成了区域的控制性景观。

2. 耕地景观

1980~2006 年耕地面积呈现先增加而后减少的趋势，斑块数目在 2001 年 2006 年达到最大，都为 80 个，而 1992 年的平均斑块面积最大，为 17.6972 hm^2，2006 年的斑块面积最小。汉族主要集中在河谷地带开垦耕地，而羌族以耕牧为业，分布较广，但由于人口压力过大及土地利用方式不合理，耕地增加主要归因于两岸森林被毁，由林地转变为耕地，但由于人口总量小，人类活动对环境的扰动不足以破坏生态系统的稳定性，但对局部生态环境已经造成破坏性后果。斑块密度呈现增加的趋势，表明耕地原有斑块被分割，破碎度增大，导致了边界总长度的增加，从而造成了耕地边界密度的增加，致使其边缘密度呈现增加的趋势。耕地景观的聚集度呈现增加的趋势，但是相对变化不大；而分离度变化在 1980~2001 年呈现减少的趋势，而在 2001~2006 年呈现增加的趋势，且 1980 年的分离度最大，而 2001 年的最小，该景观的分离度变化相对较复杂，表明耕地景观由分散分布趋向相对集中分布，斑块的空间分布散落性减少，斑块之间的连接性有所增强。在所有景观类型中，其分离度较大，次于居民用地，也一定程度上反映了人为干扰方式对该类型的影响程度。1992 年的耕地分维数最大，斑块形状最复杂；2006 年的最小，由于林区内土层较为贫瘠，随着人口的增加及经济作物的推广，藏族农户不得以选择土层相对厚实的地块开垦耕种，其形状除易受地形影响外，更容易受到人类的开发利用，因此，该地块受人类的干扰程度加大而趋于规则化和简单化。

3. 草地景观

草地景观在研究区域占据较大的比例，研究期内，草地面积和斑块数呈现递增的趋势，而斑块平均面积呈现先递减而后增加的趋势，由 1980 年的 2529.47 hm^2 减少到 2001 年的 2229.94 hm^2，随后又增加到 2006 年的 2235.65 hm^2。斑块密度和边缘密度的变化趋势相同，都是呈现先增加而后略微减少的趋势，在 2001 年的指数最大，而 1980 年的指数最小。1980~2001 年，草地景观的平均斑块面积越来越小，而斑块密度和边缘密度越来越大，草地景观的聚集度呈现先增加，后减小然后再增加的趋势，但是变化相对较小，而分离度一直呈现增加的趋势。由于草地被生态造林、农业耕作等用地侵占，草地在林区的分布较为广泛，原来连续的草地景观被分割和占用，分布愈加分散，破碎度日益增加，斑块空间分布散落性增强、聚集度和连接性降低，斑块呈零散分布。但优势大斑块日益减少，总体上导致了边界总长度的增大，从而造成了边界密度的增大。2001 年草地的分维数最大，而 2006 年的分维数最小，1980~2001 年，由于人类的开发利用，草地被侵占和分割，斑块的形状受人类的干扰程度加大，使其趋于不规则化和复杂化。

就所有景观类型而言，草地景观的聚集度较大，仅次于林地景观，而其分离度也较小，同样仅次于林地，表明草地在所有景观类型中集中分布程度较高，而且面积比例比较大，构成了区域的主要景观类型。

4. 水域景观

水域景观的平均斑块面积变化相对较小，1980 年的斑块数最大而平均斑块面积最小，1992 年的平均板块面积最大而斑块数目最小。水域边界密度呈增加的趋势，是由于水域所占面积比例增大，总体上导致了边界总长度的增加，从而造成了边界密度的增加。2006 年的分维数最大，2001 年的分维数最小，和其他景观类型相比，水域的分维数较大，水域景观蜿蜒曲折贯穿于林区，一方面说明了河流形状最复杂，这与林区深切峡谷、高山高原地貌特点相吻合[122]，另一方面主要是由于人类的开发利用，水域被分割和侵蚀，斑块的形状受人类的干扰程度加大且趋于不规则化和复杂化，从而造成水域景观的聚集度和分离度呈现递增的趋势，尤其在2001~2006年，分离度呈现加速增加，加速了河流生态系统的破坏和水域景观的萎缩，该景观类型的连接性减弱，在所用景观类型中，水域景观的聚集度指数最小，而分离度较大。

5. 居民用地景观

居民用地景观在研究区域所占据的面积比例最小，由于当地人口密度偏低，并且以藏族为主，在传统上以放牧为主的生产生活方式。从1980~2006年，该景观类型的斑块数目一直没有发生变化，都为5块，而斑块平均面积发生了变化，2006年的斑块平均面积最大，而2001年的最小，在一定程度上说明了居民用地呈现向外的扩展的发展趋势，2006年的边缘密度最大且斑块密度最小，说明主要是由于该景观类型面积的增加，总体上导致了边界总长度的增加，从而造成了边界密度的增加。对其他景观类型而言，该景观类型的分维数最小，说明该景观类型受到强烈的人为干扰活动，使其边界呈现规则化，形状简单，造成分维数较小。该景观类型的聚集度呈现增加的趋势，表明由于“合村并点”政策的实施，居民点由散居向聚居转变，分离度急剧下降，居民用地斑块呈现集中分布，其连接性增强。并且在所有景观类型中，该景观类型的分离度最大，从侧面表明研究区域的居民处于散居的生活方式，该类型在分布格局更趋于随机分布，斑块间的联系程度很小，在一定程度上也表明了人为干扰方式对景观格局的影响。

6. 未利用地景观

未利用地景观主要由迹地（采伐迹地和火烧迹地）、弃耕地、荒山荒地和岩石裸露地等景观类型构成，未利用地景观在研究区域占据一定的比例。从1980~2006年来看，该景观类型的斑块数目相对变化不大，斑块平均面积的变化相对复杂，1980~1992年呈现增加的趋势，主要归因于20世纪80年代末，森工局对森林的大量采伐，造成采伐迹地的大量增加；1992~2001年呈现减少的趋势，源于自20世纪80年代初实行的农村生产关系调整[123]，80年代末进行的森工局转制、1998 年起实行的包括退耕还林工程、生态环境保护工程、天然林资源保护工程等一系列生态建设和环境保护政策的调整，加强了林业的经营管理，并在 90 年代初开始封山育林育草，同时人工种草造林，使得部分采伐迹地和荒山荒地被造林、种草，造成未利用地面积的减少，但难以改变牧草地、耕地和建筑用地挤压林地的形势；2001~2006 年又呈现增加的趋势，很大程度主要是天然林资源保护工程的大力度推行，使得耕地面积减少，撂荒地和弃耕地的面积增加，且 2001~2006 年增加的幅度要小于 1980~1992 年，其中 1992 年的斑块平均面积最大，为 259.74hm^2，2001 年的最小，为 252.09 hm^2，岩石裸露地的超大型斑块（＞1.0 km^2）主要分布在海拔较高、人为干扰较小的大山体顶部，且 1992 年斑块数目较多。1980 年的斑块密度和边缘密度都是最大，而 1992 的最小。其聚集度呈现先略微增加，然后减少最后又略微增加的趋势，且在 1992 年达到最大，分离度的变化趋势和聚集度相同，但在 2006 年达到最大，表明新生未利用地斑块在空间上呈分散布局。

7. 灌木林地景观

灌木林地景观在研究区域占据一定的比例，面积所占比例次于林地和草地。1980~2006 年，灌木林地景观的斑块数目由 24 增加到 44，呈现递增的趋势，而斑块的平均面积由 1394.01 hm^2 减少到 2006 年的 948.08 hm^2，减少了 32%，斑块密度和边缘密度一直呈现递增的趋势，表明该景观类型的大的斑块分裂成形状略为规则的小斑块，其分布由集中趋于分散，破碎度有所增加，但是其总面积呈现递增的趋势，从 1980 年的 33 456.15 hm^2 增加到 2006 年的 41 715.54 hm^2，增加的比例为 24.69%。该景观类型的聚集度呈现减少的趋势，景观的破碎度略有加重，而分离度呈现先略微减少，然后又略微增加，最后又略微减少的趋势，虽然灌木林地中出现了分布较集中的大斑块，导致景观空间分布的离散性略有降低，这说明从 1980 年到 2006 年，研究区域的灌木林丛得到了一定程度的恢复，但这种程度的恢复并不能改善 1980 年灌木林的破碎化情况。灌木林地的增加主要归于森林群落遭破坏后形成的次生植被，由于森林采伐后，大部分地区因更新困难，而被灌木所取代，但是其结构零乱，灌木种类很多，组成的灌丛类型较复杂，优势种不明。但是就当前的情况来看，研究区域的出现的情况是林线不断下降，灌丛扩大，其中大块的灌丛被林地、疏林地而分割蚕食，形成岛状分布，边界扩展侵入其他森林类型出现复杂的交错带，边缘曲折多，加大其边缘密度，形状呈现不规则化和复杂化，故除了水域外，其分维数也较大，但是在一定程度上导致景观空间分布均匀性略有增加。

5.2.2 景观尺度的区域景观格局变化特征

1. 景观异质性

景观的最大多样性由景观要素类型的数量决定，对景观要素类型一定的景观而言，各景观要素类型之间面积分配越均匀，其多样性越高，与各要素的空间分布格局无关。景观类型多样性的生态学意义主要表现在对物种多样性的影响。类型多样性既可增加物种多样性又可减少物种多样性。多样性和优势度是从两个不同侧面反映出区域空间结构的丰富程度和受一种或多种土地利用类型支配程度；景观的均匀指数侧重表现各景观单元均匀程度。从表 5-3 来看，就四期数据而言，可以明显看出景观多样性和优势度两指数呈负相关，景观多样性和均匀度两指数基本上呈正相关。从四期数据来看景观多样性、景观均匀度呈现递增，这表明整体景观的优势度在减少，也就是说，单一的优势景观类型对整体景观的控制作用减弱了。这主要是因为研究区域优势景观类型草地和针叶林地在此期间大量减少，灌木林地大面积的增加，其主要原因是由于人类活动范围的不断扩大和干扰活动的加剧。从侧面反映了各景观类型所占比例差异减小，而且景观类型组成成分分布较均匀，区域景观呈现出以林地为基质的草地、灌木林、岩石裸露地等自然斑块交错的“森林–草地”荒原分布态势，其余景观类型呈补丁状散布于区域之中，景观的破碎化程度加深，景观斑块分布的均匀程度较大，景观异质性较高，使丰富程度和复杂程度加大，不利于该生态系统的稳定，表明景观优势组分对景观整体的控制作用有所减弱，土地利用优势度有所下降，但是完整性较差，引起景观内部空间格局的改变，景观单元的信息含量和信息的不定性较大，造成景观格局趋向复杂化。

表 5-3　不同时期景观类型多样性

Tab. 5-3　Diversity index of different landscape type

年份	多样性指数	均匀度	优势度
1980	1.2328	0.6335	1.5746
1992	1.2519	0.6434	1.5555
2001	1.2563	0.6456	1.5511
2006	1.2754	0.6554	1.5320

2. 景观要素空间距离

聚集度是以景观内各景观要素的边界在不同景观类型之间的分配关系为基础建立的指标，不受相邻异质性景观之间的生态学差异的影响，是景观自然连通性的测度。聚集度低说明景观要素在景观中分散于许多不同景观要素斑块之间，斑块类型之间相对分散，聚集度指数高可说明景观斑块聚集更加紧密[124, 125]，是量化相应景观类型的自然连接情况。26 年来，聚集度指数呈逐年减少的趋势，由 1980 年的 97.5891 减少到 2006 年的 97.3076（表 5-4），而其斑块数目由 1980 年的 368 块增加到 2006 年的 396 块，且平均斑块面积减小，从而反映出区域景观破碎化程度加剧，景观类型的分布由集中趋向分散交错分布，这种变化阻碍了景观单元间能量、物质及营养成分的流动，影响了景观格局的稳定性，景观类型的连接性较弱，完整性减弱，异质性增强，加大了该时期景观类型的多样性。虽然景观的高异质性能提高景观对干扰和扩散的阻力，缓解某些灾害性压力对景观稳定性的威胁。但从某种程度而言，也反映了区域景观整体景观中的少数景观类型控制能力正在下降，因而降低区域景观的稳定性，不利于区域生态环境平衡，引起生态系统功能的退化，导致生态环境的恶化，可能主要是研究区域的经济落后、粗放式生产方式等原因造成的。

表 5-4 研究区域各景观要素空间相互关系表

Tab. 5-4 Space mutual relation of landscape elements

年份	AI	S	CONTAG
1980	97.5891	3.7615	64.9317
1992	97.4773	4.2765	64.3048
2001	97.4133	4.3830	64.1101
2006	97.3076	4.7726	63.4710

蔓延度（CONTAG）描述的是景观里不同斑块类型的团聚程度或延展趋势。CONTAG 值越大说明景观中有少数团聚的大斑块组成，CONTAG 取值小则说明景观由一些小斑块构成。1980~2006 年，蔓延度的指数呈逐年增加的趋势，由 1980 年的 64.9317 减少到 2006 年的 63.4710（表 5-4），说明自 1980 年以来，林地由优势景观、连接性好的景观逐渐向连接性差的半自然景观和人为景观演变，表明研究区域景观斑块之间的连接性较差，斑块之间团聚程度减弱，研究区域景观的镶嵌性

呈增加的趋势，并且景观斑块均匀地散布在整体景观中，同时也揭示了景观的破碎化程度增强，随着斑块面积的不断缩小，景观空间分布均匀性有所增强，景观的空间异质性增加，连通性降低，物种的生存和繁衍的自然生境萎缩，这将直接影响到物种的繁殖、扩散、迁移和保护[126]。

景观分离度（S）是指某一景观类型中不同斑块个体分布的分离程度。分离度由 1980 年的 3.7615 增加到 2006 年的 4.7726（表 5-4），呈现逐年增加的趋势，26 年来研究区域虽然斑块总数增加了，但其平均斑块面积减少了，原有斑块被分割，大的斑块分裂成形状略为规则的小斑块，促使景观类型的破碎化程度在整体上呈现加速的趋势，景观格局多以形状较为简单的小斑块为主，景观类型斑块分布趋向离散，且分布愈加离散，个别斑块呈零星、散落状，在一定程度上斑块分布更加均匀，不利于景观功能的整体发挥[126]。也就是说，单一的优势景观类型对整体景观的控制作用减弱了，多样性指数和均匀度指数增加，整体景观的优势度在减少，从而造成景观的空间异质性增加，从而使自然生态环境的净化和维系能力下降[127]，连通性降低，反映出景观整体完整性较差，对整体景观的控制减弱，不利于景观中生物和资源的保护，对景观结构的逆向影响十分突出[128]，主要是归因于研究区域优势景观类型（林地景观）在此期间大量减少。

5.3 景观格局的粒度效应研究

尺度动态是土地利用/土地覆被变化研究的两个重要综合活动之一[129, 130]。在景观生态学中，尺度问题是景观格局研究的核心轴线。通常空间尺度常用粒度和幅度来表达[131]，粒度则是指景观现象的最小可识别单元或某一现象或事件发生的频率和时间间隔[143]，所指的影像数据和遥感资料的空间分辨率或像元大小，幅度就是研究对象在空间上的持续范围，即研究区的总面积。在 ArcGIS 的支持下，在区域空间尺度的框架下，通过一系列粒度不同的栅格，借助于景观指数法分析土地覆被变化的尺度动态规律，探究不同尺度下的景观格局体系，进而客观地反映土地利用景观格局信息。由于景观格局粒度效应的本质是粒度改变导致栅格单元对斑块的分割融合和边界改变[133]，不同时期的数据并不影响研究的结果[134]，因此，根据研究的需要，本文以 2006 年的数据为例，粒度效应研究设计 10 m、20 m、30 m、40 m、50 m、60 m、70 m、80 m、90 m、100 m、120 m、150 m 和 180 m 13 种采样粒度。

5.3.1　斑块类型水平上的粒度效应

由图 5-1 分析可知，各种景观类型的斑块数量随粒度的变化各不相同。林地的变化最为复杂，随粒度增加呈不规则变化。林地的斑块数在粒度 10~60 m 呈现减少趋势，在大于 90 m 时又呈现增加的趋势，但增加的力度要小于减少的力度。草地的斑块数随粒度变化相对较为简单，只是在粒度 150 m 处产生了一个较大的突起，水域的变化相对较为复杂，在粒度 80 m 处产生了一个突起，板块数目在粒度 10~80 m 呈现增加的趋势，在粒度大于 80 m 的呈现减少的趋势，如果利用多

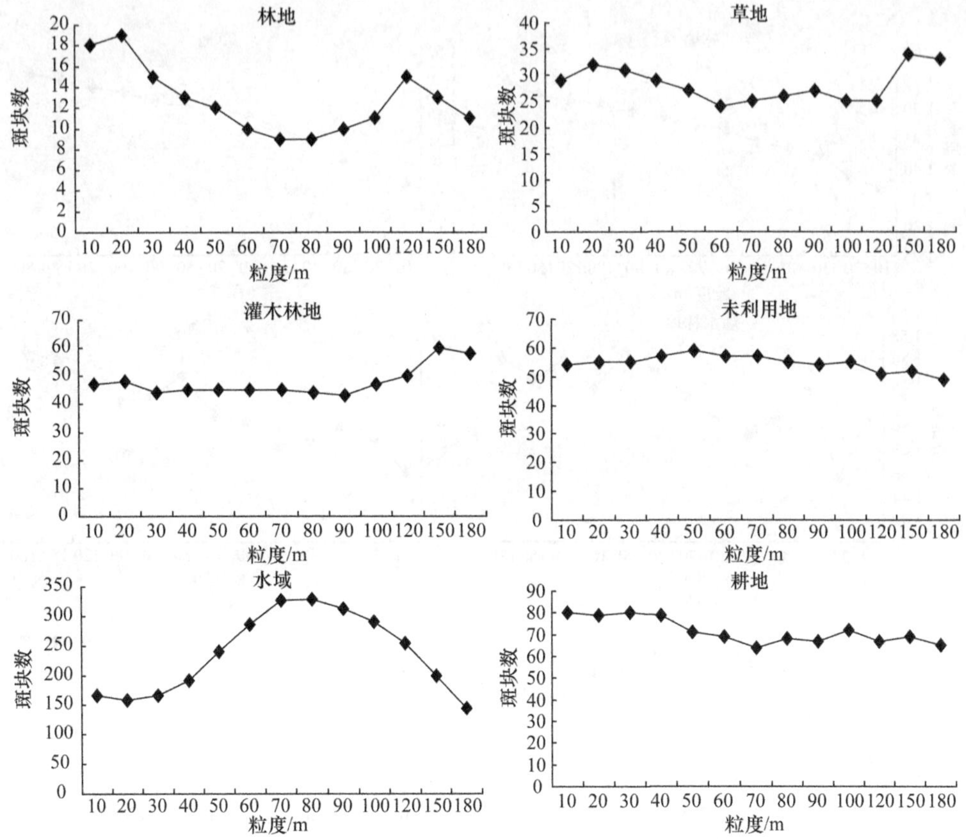

图 5-1　斑块数量随粒度的变化及拟合曲线

Fig. 5-1　Variation and fit line of ND to grain size

项式对结果进行模拟，其表达式：$y=-4.436x^2+67.123x+45.105$，$R^2=0.7886$，$y$ 为斑块数目，x 为粒度。但是总体而言，耕地、草地、未利用地和灌木林地的变化相对简单，未利用地的变化最为简单，如果采用多项式拟合，其表达式：$y=-0.1444x^2+1.5869x+52.601$，$R^2=0.8533$，$y$ 为聚集度，x 为粒度，相对而言，草地和林地的斑块数量对粒度的增加较为敏感。

就分维数而言（图 5-2），林地、草地和耕地的变化趋势相同，分维数随粒度的增加出现规律的变化，也没有明显的粒度突变区。分维数是草地、林地和耕地的敏感指数，可能由于该三种景观类型在栅格数据重采样的过程中，斑块形状趋于复杂化，导致分维数呈现增加的趋势。对三种结果进行拟合，其表达式为，林地：

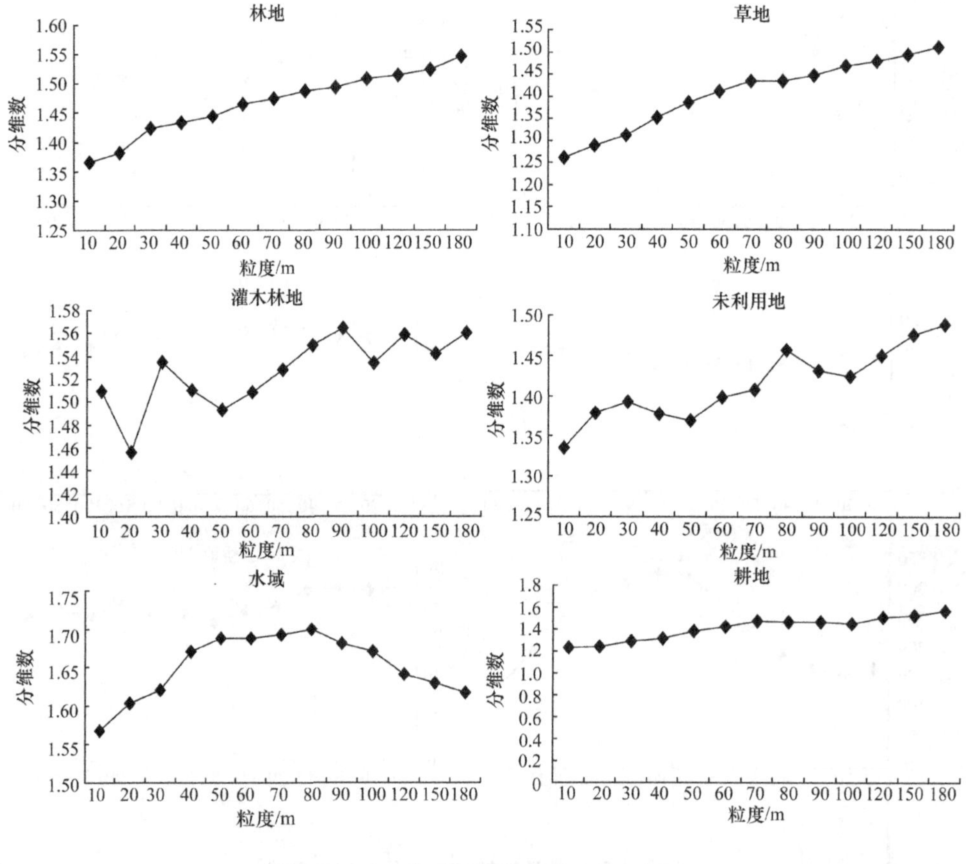

图 5-2 分维数随粒度的变化及拟合曲线

Fig. 5-2 PAFRAC and fit line of ND to grain size

$y=0.0704\ln x+1.3444$，$R^2=0.9586$；草地：$y=0.1039\ln x+1.2265$，$R^2=0.9613$；耕地：$y=0.1365\ln x+1.1743$，$R^2=0.9151$，y 为分维数，x 为粒度。灌木林地和未利用地的变化趋势相对复杂，尤其是灌木林地最为复杂，出现多个突起区域。

边界密度反映了景观或类型被边界的分割程度，随着粒度的增加，各地类的边界密度随粒度的增加所有地类均呈现减小状态（图 5-3），且均呈现单调下降的趋势，没有出现明显的粒度突变区，表明随着粒度的增加景观保存的越完好，从而说明它们对粒度变化敏感，特别是在粒度超过 80 m 范围，随粒度的减少而变化剧烈，说明大于 80 m 的范围所有地类的响应区域中，林地、草地、水域、灌木林地和未利用地变化相对强烈，耕地相对变化较缓慢。对林地、草地、水域、灌木林地和未利用地

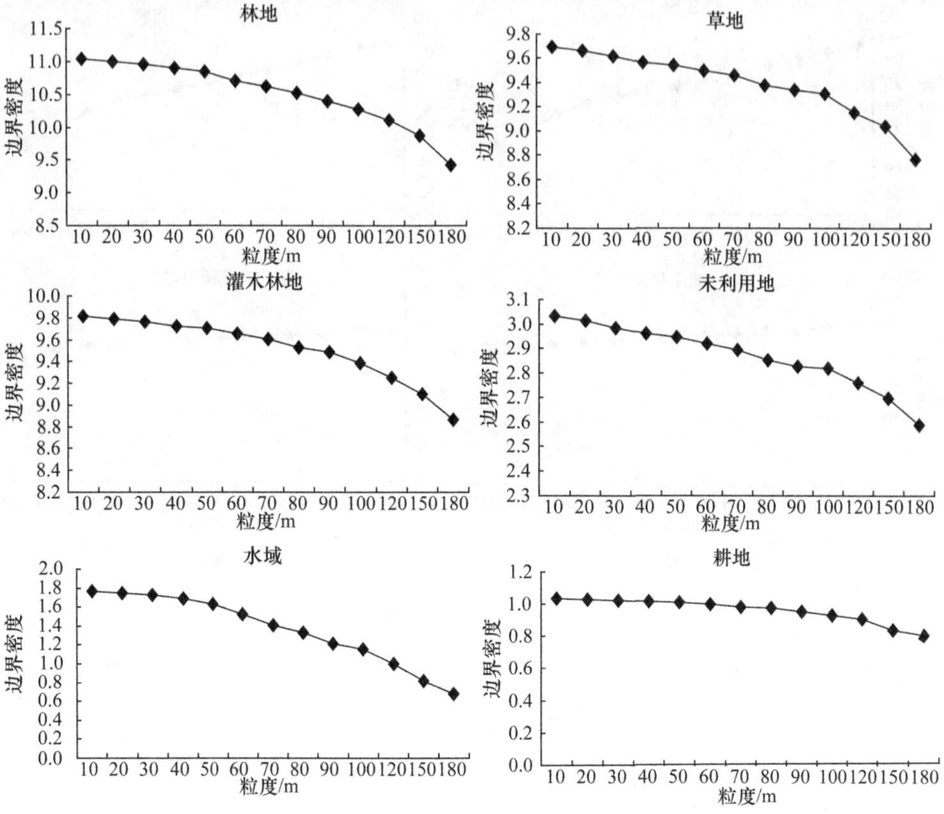

图 5-3　边界密度随粒度的变化及拟合曲线

Fig. 5-3　ED and fit line of ND to grain size

的结果进行拟合，其表达式为，林地：$y=-0.1194\ln x+11.347$，$R^2=0.9077$；草地：$y=-0.0653\ln x+9.8417$，$R^2=0.8992$；水域：$y=-0.0919\ln x+2.0049$，$R^2=0.9528$；灌木林地：$y=-0.0701\ln x+10.004$，$R^2=0.8985$；未利用地：$y=-0.0323\ln x+3.095$，$R^2=0.9325$，y 为边界密度，x 为粒度。

景观聚集度在粒度增加的重采样过程中均呈现单调下降的趋势（图 5-4）。随着粒度增加，面积较小的斑块象元被周围大斑块所吞并，导致同种类型斑块相对分散分布，且同种类型斑块象元之间的连接度下降，聚集度降低，从而造成景观类型的分布由集中趋向分散交错分布，但是没有出现明显的粒度突变区间，

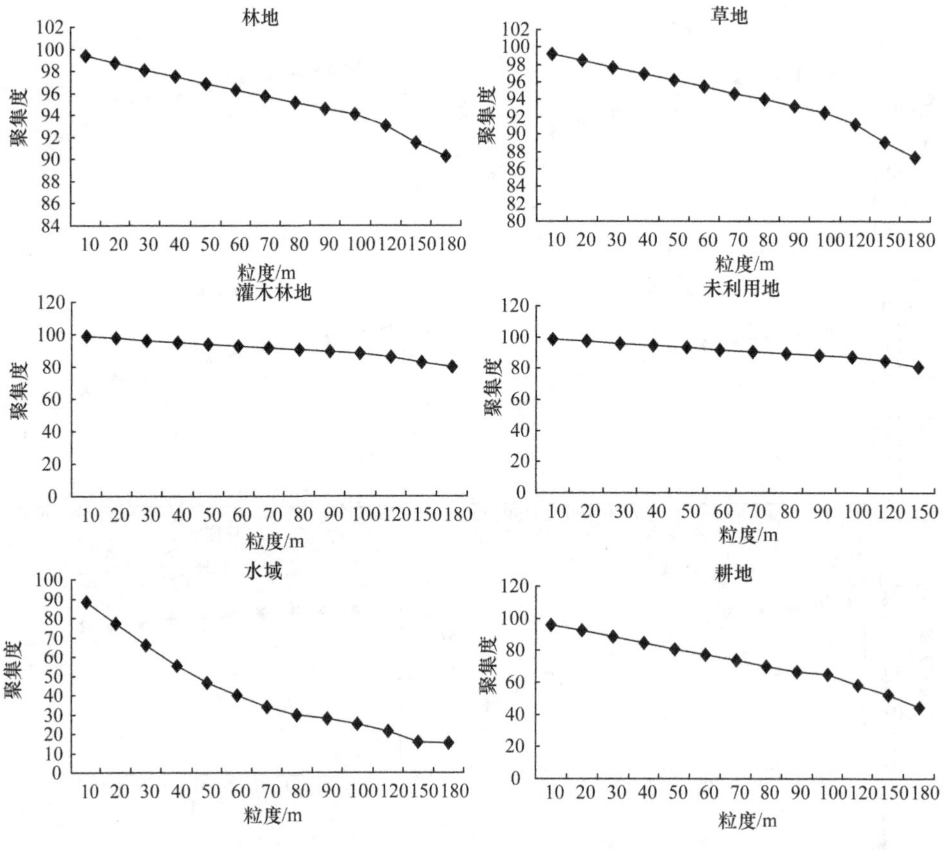

图 5-4　聚集度随粒度的变化及拟合曲线

Fig. 5-4　AI and fit line of ND to grain size

表明它们对粒度变化敏感。水域的聚集度随粒度增加的变化相对较为敏感，其次是林地和草地，而灌木林地和未利用地的变化相对平缓。水域的聚集度在粒度小于 80 m 的范围内变化剧烈，林地和草地在粒度大于 80 m 的范围内变化剧烈。通过对聚集度指数随粒度增加的规律均进行拟合，在某种程度上符合指数或对数关系，其表达式为，林地：$y=100.47\mathrm{e}^{-0.0073x}$，$R^2=0.9672$；草地：$y=100.8\mathrm{e}^{-0.0097x}$ $R^2=0.9567$；水域：$y=-30.363\ln x+94.891$，$R^2=0.9851$；灌木林地：$y=101.52\mathrm{e}^{-0.016x}$，$R^2=0.9514$；耕地：$y=106.78\mathrm{e}^{-0.0575x}$，$R^2=0.9439$；未利用地：$y=100.85\mathrm{e}^{-0.016x}$，$R^2=0.971$，$y$ 为聚集度，x 为粒度。

5.3.2 景观镶嵌体水平上的粒度效应

就景观整体水平而言，见图 5-5 和表 5-5，研究区域景观聚集度在粒度增加的重采样过程中呈现单调下降的趋势，反映出斑块更趋向于分散分布，同时这种变化趋势表明景观聚集度对粒度的变化比较敏感，随着粒度的增加，面积较小的斑块象元被周围大的斑块所吞并[133]，导致斑块分布相对分散，聚集度降低，同种类型斑块象元之间的连接度下降，聚集度指数没有明显的粒度突变区间，但是通过对聚集度变化趋势进行拟合后发现，聚集度指数随粒度增加的规律均符合指数方程形式，其指数的表达形式：$y=-4.506\ln x+111.96$，$R^2=0.8806$，y 为聚集度，x 为粒度。

斑块的蔓延度在粒度增加的重采样过程中呈现的规律和聚集度的变化趋势相似，也呈现一定的单调下降的趋势，但是其变化相对较平缓，没有聚集度那么剧烈，由于景观聚集度和蔓延度随粒度增加均表现出规律性的变化，表明二者都具有粒度效应，是粒度敏感的景观指数，对蔓延度随粒度增加的结果进行模拟，其拟合方程：$y=-4.1549\ln x+77.029$，$R^2=0.9366$，y 为蔓延度，x 为粒度。

就分离度而言，随着粒度增加的重采样过程中，分离度呈现了复杂的变化，没有呈现有规律的变化。在 70 m 处产生一个突变，而在 80 m 处粒度处产生波谷，产生了一个最低值。分离度在粒度 60~120 m 变化最为复杂，离度随粒度变化的最敏感区间，在 10~60 m 变化相对平缓；而在粒度大于 120 m 之后，粒度效应十分显著，分离度随粒度的增大而增大，该区域是分离度对粒度变化最强烈的响应区

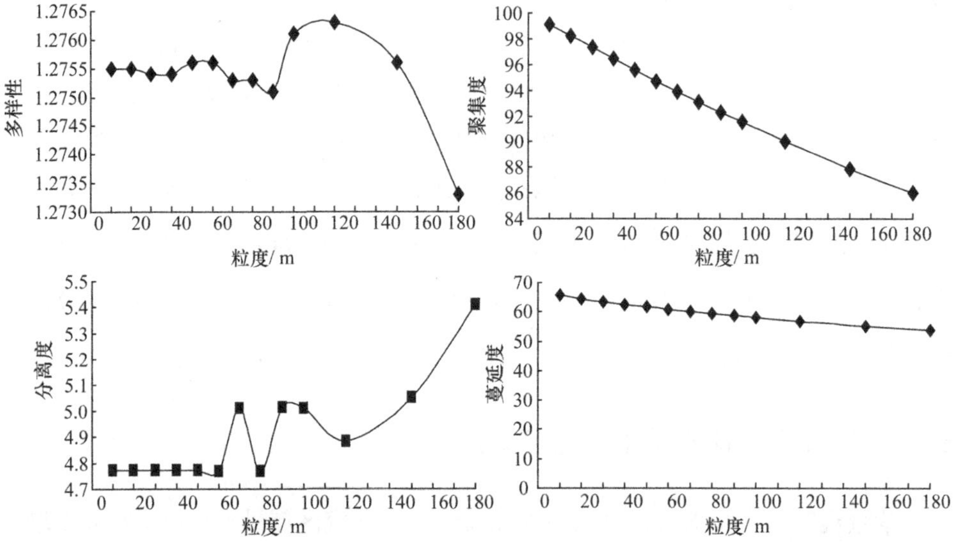

图 5-5 景观水平要素的粒度变化

Fig. 5-5 Variation of PD，COHESION and SHDI to grain size

表 5-5 景观水平要素的粒度变化

Tab. 5-5 Variation of PD, COHESION and SHDI to grain size

	10m	20m	30m	40m	50m	60m	70m	80m	90m	100m	120m	150m	180m
SHDI	1.2755	1.2755	1.2754	1.2754	1.2756	1.2756	1.2753	1.2753	1.2751	1.2761	1.2763	1.2756	1.2733
AI	99.0955	98.1978	97.3076	96.4290	95.5555	94.7215	93.8965	93.0967	92.3169	91.5473	90.0505	87.8602	85.9741
S	4.7730	4.7729	4.7726	4.7729	4.7712	4.7700	5.0123	4.7681	5.0130	5.0126	4.8821	5.0537	5.4099
CONTAG	65.706	64.520	63.471	62.5156	61.6157	60.8037	60.0455	59.3349	58.6634	57.9916	56.8086	55.2079	53.9772

域。Shannon 多样性指数没有表现出有规律的变化趋势，在粒度 10~90 m 时，随粒度的增加波动很小，但在粒度大于 120 m，随粒度的增加波动性很大，粒度 120~180 m 是多样性指数对粒度变化最强烈的响应区域。从多样性随粒度增加的过程来看，粒度 90 m 是其一个突变点。由于景观多样性取决于景观中斑块类型的面积及其所占的比例，在 10~90 m 区域，多样性指数变化相对不大，主要归因于各斑块类型的面积变化不大，因此造成景观多样性没有发生大的波动，也表明该区域多样性对粒度的变化不敏感，但在 90~180 m 区域，各斑块的面积变化较大，多样性指数变化较大，表明多样性指数对粒度的变

化很敏感。就总体而言，分离度和多样性指数不具有粒度效应，不是粒度敏感的指数。

从斑块类型的水平而言，粒度效应的研究表明，研究区内的土地利用格局随粒度的增加呈现不同程度的变化。本研究条件下所采用的景观格局指数中，斑块边界密度和景观斑块聚集度有明显的粒度效应，它们随粒度的增加表现出有规律的变化趋势，且没有出现粒度突变效应；就斑块密度而言，在粒度超过 80 m 范围，随粒度的增加而变化剧烈，说明大于 80 m 的范围是所有地类的响应区域。就分维数而言，林地、草地和耕地随粒度的增加表现出有规律的变化趋势；就景观格局水平而言，聚集度和蔓延度具有明显的粒度效应，景观多样性和分离度指数在这次研究中没有出现明显的粒度效应，对粒度的变化相对复杂，对粒度变化的敏感程度较低，但在 60~180 m 出现粒度突变效应。通过对比两研究发现：粒度效应研究与研究区范围、研究尺度、景观类型分类密切相关（图 5-5）。因此，在景观格局指标和粒度效应研究中宜选取大比例尺数据，景观类型的划分要具有代表性[133]。

5.4 景观组分动态变化

为了明确研究区 26 年间每一景观类型之间的相互转化情况，本文在 ArcGIS 的支持下，将四个时期的景观生态类型图进行叠加，利用 ArcGIS 的空间分析功能，计算了不同景观组分的总体变化情况及不同时段组分的保留率、特定组分转入贡献率、转出贡献率和特定转移过程贡献率，从而通过组分转移概率来研究景观的动态变化，计算公式如下[135]。

（1）特定组分转入贡献率参数：指其他景观组分向某一特定景观组分转入的面积占景观总转移发生量的比例。该参数可用于比较不同组分在景观动态变化的转入过程中面积增量分配的差异。计算公式：

$$T_{ij} = \sum_{j=1}^{n} A_{ji} / A_t \tag{5-14}$$

式中，A_{ji} 为第 j 种组分向第 i 种组分转移的面积；A_t 为景观组分发生转移的总面积；n 为景观组分的类型数量。

（2）特定组分转出贡献率参数：指某一特定景观组分向其他景观组分转移的

面积占景观总转移发生量的比例。该参数可用于比较不同组分在景观动态变化的转出过程中面积减量分配的差异，计算公式：

$$T_{oi} = \sum_{j=1}^{n} A_{ij} / A_t \quad (5\text{-}15)$$

式中，T_{oi}为组分转出贡献率，其他参数同上。

（3）组分保留率：为比较分析不同景观组分在研究时段内的稳定性情况，本研究还计算了各个阶段组分的保留率情况。具体计算公式：

$$BR_i = BA_i / TA_i \quad (5\text{-}16)$$

式中，BR_i为某一阶段第 i 种景观组分保留率，TA_i 为比较初始年份该组分的总面积，BA_i 为比较时段内没有发生变化的第 i 种景观的组分面积。

5.4.1 研究区景观组分保留率分析

景观组分的保留率是指比较时段截止年份与起始年份相比，没有发生转移变化的面积占起始年份总面积的比重，不同景观组分在动态转移过程中的行为特征可以通过保留率来刻画[135]。表 5-6 的结果显示在 3 个时段内，草地保留率最高，平均保留率达到 99.45%，水域的保留率次之，平均保留率水平亦较高，为 99.43%，再次是未利用地，其平均保留率为 99.35%，耕地的平均保留率也较高，为 99.06%。由表中数据可以看出草地保留率一直呈现增加的变化趋势，除了“退耕还草”等农业政策的影响外，很大程度上主要归因于森林采伐后，大部分地区因更新困难，而为草地和灌丛所取代，出现了草甸下侵的现象，其结果造成当地生态环境可能有进一步恶化的可能。未利用地的平均保留率也较高，且呈现先减少后增加的趋势，但总体上是减少的，未利用地的减少很大程度主要归因于“天保”工程的推行。从景观组分自身特点和保留率变化情况可以看出[136]，影响研究区内景观组分保留率的主要原因有以下几个方面。首先，面积比重对于景观组分的保留率具有显著影响，优势景观组分的保留率相对较高。草地、未利用地作为研究区内面积比重较大的景观组分类型，其保留率一直保持较高水平；其次，自然条件约束亦对某些组分类型的保留率产生重要影响。例如，水域保留率高的原因主要是受林区深切峡谷的地形庇护；最后，人为活动是某些景观组分保留率得以维持或快速变化的最主要原因，例如，居民地等更容易受到人为的影响。

表 5-6 不同阶段景观组分保留率（%）

Tab. 5-6 The preserving ratio of landscape elements during the different tperiods（%）

景观类型	第一阶段（1980~1992 年）	第二阶段（1992~2001 年）	第三阶段（2001~2006 年）
居民地	100.00	69.19	100.00
耕地	99.74	98.75	98.69
林地	94.26	97.34	94.60
水域	99.35	99.39	99.55
灌木林地	97.20	96.48	99.95
未利用地	99.90	98.92	99.22
草地	99.08	99.43	99.85

5.4.2 景观组分转入/转出贡献率分析

为充分揭示不同景观组分转移特征在景观整体变化中的地位和作用，研究引入了组分转入贡献率和转出贡献率两个数量指标，以便更加清晰地描述景观动态变化的总体特点和内在驱动机制。本文主要通过景观组分转入贡献率和景观组分转出贡献率两个数量指标来描述景观的动态进程和总体变化特点，以便进一步能详细刻画景观内部组分之间的转移信息。

从表 5-7 可以看出，林地在三个阶段都有较高的转出率，但是其转入率较低，尤其在第三阶段，达到了 95.263%，而其转入率仅为 2.280%，转出率为转入率的 41.78 倍。林地在每个阶段的转出率都要远大于转入率，林地组分在每个阶段都是出于减少的趋势，但是第三阶段的减少率要大于前两个阶段，第二阶段林地组分减少量最小。灌木林地具有较高的转入率，而其转出率较低，在第三阶段，其转入率为 92.163%，而转出率仅为 0.383%，转入率是转出率的 240.63 倍，转入率要远远大于转出率。从三个阶段来看，转入率都远远高于其转出率，说明灌木林地是增加的，只是在第三个阶段增加量的最大，第二阶段的增加量最小。草地也具有较高的转入率，其转出率较低，在每个阶段草地的转入率都要高于其转出率，表明在每个阶段草地是增加的，在第二阶段起转入率是转出率的 4.33 倍，该阶段的增加量是最大的，而第三阶段的增加量最小。居民地具有最小的转入率和转出率，尤其是第一、第三阶段，其转出率为 0.000%，表明该地类没有和其他地类发生双向的转变，水域也具有较低转入率和转出率。此外，我们也可以看出，具有较高的转入率和转出率的景观组分都是研究区域内面积比重较大的景观组分类型，尤其是林地和灌木林地发生的双向变化最剧烈，其次是林地和草地，但是其转入率要大于转出率，表明减少的林地大部分转化为灌木林地，再次是草地，这主要归因于长期以来的研究区域重采轻造，造成采育失调，森林群落遭破坏后形成大面积的山地灌丛及草甸。此外，随着人口的增长，对生活用薪炭材的需求量渐大，据调查，五口之家年耗木材多达1.5万~2万斤[137]，导致过度樵采现象普遍，严重破坏植被。目前，多数村寨周围的森林演化为灌木林，由灌木林演化为草被也是其中的一个原因。

1998年以来，虽然“天保”工程、退耕还林还草工程逐步启动，研究区域作为一个“社–经济–自然”复合生态系统的生态功能受到了重视。经济建设开始引入了生态理念[137]，林业由开采转为养护为主，陡坡耕地逐步退耕还林还草，改变了土地利用的类型，但是从遥感图像的解译结果可知，林地在逐渐减少，耕地面积还是呈现一定的增减变化，从现实的结果来看，这些工程在多大程度上能够实施？能给出岷江上游生态环境带来多大改观？这些都是不容乐观的问题[137]。

表5-7 景观组分转入和转出贡献率（%）

Tab. 5-7 The contribution rates of conversion-in and conversion-out for different elements（%）

阶段	类型	居民地	耕地	林地	河流	灌木林地	未利用地	草地
第一阶段（1980~1992年）	转入	0.023	1.23	11.021	0.0652	52.025	0.413	35.226
	转出	0.000	0.044	77.651	0.0699	12.345	2.021	7.959
第二阶段（1992~2001年）	转入	0.023	0.918	21.465	0.117	36.002	2.448	39.026
	转出	0.0689	0.395	60.244	0.115	29.837	0.332	9.007
第三阶段（2001~2006年）	转入	0.143	0.0464	2.280	0.0746	92.163	0.0713	5.223
	转出	0.000	0.333	95.263	0.0680	0.383	2.025	1.957

5.5 植被景观格局变化驱动因素分析

5.5.1 自然因素

本区降水的时空地域分布不均（图5-6），降雨年内分配非常不均，且气候干旱、水热不平衡，特别是4月、5月旱季末期，气温高，蒸发强烈、土壤干旱严重[137]，制约了作物与植被的生长，尤其在干旱河谷地区，植被退化、林线上升、森林覆盖率下降、水土流失严重、冲沟发育、土地质量下降[137]。本文选取土地分类中的二级分类结果，并计算其景观指数，结合年平均降水量进行线性回归分析。受影响的景观类型主要是研究区域的草地景观，从表5-8可知，年降水总量与草地的类型面积和聚集度呈现正相关，而与林地景观的指标呈现一定的负相关。同时也说明草地景观的面积越来越大，且分布愈加集中，但其优势大斑块日益减少。对于林地景观而言，这说明林地景观的面积越来越小，尤其是针叶林的面积，同时也说明在降雨等自然因素的影响下，研究区域的自然环境相对恶劣，且针阔混交林分布得愈加分散。森林植被遭砍伐后，以桦木林和山杨林为主的阔叶先锋树种的更新在林区内普遍而大量的发生，形成山杨林、白桦林和针叶林混交的格局，并在一定范围内形成明显的集中分布区。其分布愈加分散，斑块之间的连通性有所降低，同时也表明以云、冷杉林景观保持着

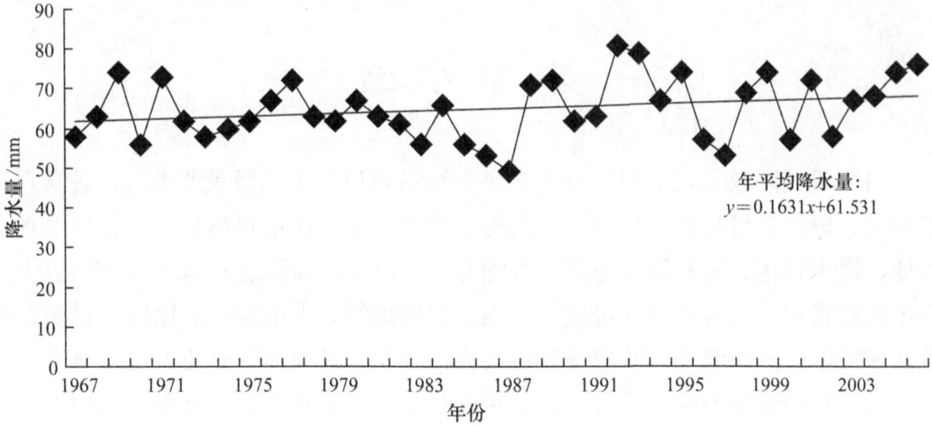

图5-6 研究区域降水量分布图

Fig. 5-6 The distribution map of rain in study area

表5-8 研究区域降水因素与植被景观指数变化相关关系分析

Tab. 5-8 The correlation among the precipitation factors and vegetation landscape indexs

相关因素	草地（CA）	草地（AI）	针阔混交林（CA）	针阔混交林（AI）	针叶林（CA）	针叶林（AI）	落叶阔叶林（CA）	落叶阔叶林（AI）
年降水	0.974	0.946	–0.867	–0.896	–0.787	–0.853	–0.864	–0.872

主体森林生态系统角色的针叶林景观正在减少，呈现出原始的森林景观向人为干扰的景观过渡的态势[138-142]。

5.5.2 人为因素

研究区域的藏族主要分布在高海拔地区的丰沛的牧草地，汉族主要集中在河谷地带开垦耕地；而羌族以耕牧为业，分布较广。随着人口和放牧规模扩大，人类活动对环境的扰动对生态系统的稳定性呈现了一定的破坏程度，其主要表现为：由于人口的增加，有限的耕地难以满足人们基本的生活需求，因此耕地不断向山丘坡地上扩展，长期的陡坡垦殖使本来就很稀疏的植被更为稀少，甚至成为裸地，降低了原有土层的抗冲刷力，同时，由于修建道路、开矿弃渣及过度放牧等人类活动的加剧，致使谷地生态失衡，导致该区生态环境更加脆弱[137]，从而造成泥石流、滑坡、洪灾等自然灾害的加重，其结果阻碍了经济发展。最终的结果是：人口压力–陡坡垦殖–恶化环境–生产效益降低–经济困难–生活艰苦–继续开荒的恶性循环。

本 章 小 结

（1）研究区域景观类型划分为 7 个一级景观和 7 个二级景观类型，各景观类型面积、斑块数量与优势度分布不均衡，差异明显。区域自然景观（森林景观、草地、灌木林地、岩石裸露地等）占绝对主导地位，面积总和均达到 90%以上，而半自然景观、人为景观（迹地、农地、居民地等）占据较小的比例，说明杂谷脑河流域以自然景观主导区域景观格局特征，人为景观则明显处于支配地位。

（2）林地景观的聚集度最大，分离度最小，表明林地在所有景观类型中集中分布程度最高，构成了区域的控制性景观；草地景观的聚集度较大，分离度也较小，仅次于林地景观，表明草地在所有景观类型中集中分布程度较高，构成了区域的主要景观类型；水域景观的聚集度指数最小，而分离度较大；居民地的分维数最小。

（3）从四期数据来看景观多样性、景观均匀度呈现递增，景观优势度减小，景观多样性和优势度两指数呈现出一定的负相关关系，景观多样性和均匀度两指数基本上呈现出一定的正相关关系，从侧面反映了各景观类型所占比例差异减小，而且景观类型组成成分分布较均匀，景观的破碎化程度加深，景观斑块分布的均匀程度较大。

（4）聚集度指数呈逐年减少的趋势，蔓延度的指数呈逐年增加的趋势，且平均斑块面积减小，表明区域景观破碎化程度加剧，景观类型的分布由集中趋向分散交错，景观的完整性减弱，连通性降低，景观的异质性增强，景观多样性增大。

（5）林地、草地和耕地的分维数随粒度的增加出现规律的变化，也没有明显的粒度突变区；灌木林地和未利用地的变化趋势相对复杂，灌木林地最为复杂，出现多个突起区域；斑块边界密度和景观斑块聚集度有明显的粒度效应，随粒度的增加表现出有规律的变化趋势，且没有出现粒度突变效应；边界密度在粒度超过 80 m 时，林地、草地、水域、灌木林地和未利用地变化随粒度的减少而变化剧烈，耕地相对变化较缓慢；景观聚集度在粒度增加的重采样过程中均呈现单调下降的趋势，水域的聚集度随粒度增加的变化相对较为敏感，灌木林地和未利用地的变化相对平缓；水域的聚集度在粒度小于 80 m 时内变化剧烈，林地和草地在粒度大于 80 m 时内变化剧烈。

（6）分离度在粒度在 60~120 m 时变化最为复杂，分离度随粒度变化的最敏感区间，在粒度在 10~60 m 时变化相对平缓；粒度在大于 120 m 时，分离度对粒度的变化最强烈响应，分离度随粒度的增大而增大；Shannon 多样性指数没有表现出有规律的变化趋势，粒度在 10~90 m 时，随粒度的增加波动很小，在粒度大于 120 m 时，随粒度的增加波动性很大，粒度在 120~180 m 时是多样性指数对粒度变化最强烈的响应区，粒度在 90 m 时为其突变点；分离度和多样性指数不具有粒度效应，不是粒度敏感的指数。

（7）草地、未利用地作为研究区内面积比重较大的景观组分类型，其保留率一直较高；林地和灌木林地发具有较高的转入率和转出率，转入率要大于转出率，其双向变化最剧烈；水域保留率高的原因主要是受林区深切峡谷的地形庇护；居民地等更容易受到人为的影响，其保留率得以维持或快速变化。

6　研究区域土地利用预测分析

6.1 土地利用变化模型

土地利用动态变化是建立在明确空间定位基础上的、综合集成的多尺度动态模型，该模型能够阐明土地利用/覆被格局与社会和自然驱动力之间的因果联系，部分地揭示土地利用系统的复杂性，以便更好地理解土地利用系统的功能，是深入了解土地利用/覆被变化复杂性的重要手段和分析土地利用变化的原因和结果的工具，通过定量描述区域土地利用/覆被变化的某些关键过程，从而实现对土地利用/覆被变化情况的解释和预测，预测是根据土地利用变化规律及对社会和自然条件所做的假设，推断未来的土地利用/覆被变化状况。根据动态变化的预测结果，为编制土地利用规划和制定土地利用政策提供支持[143]，以帮助制定相关对策，因此它在土地利用/土地覆被变化研究中占有非常重要的地位[56]。

土地利用变化时空格局的动态模拟与情景分析涉及影响土地利用变化的诸多驱动因素，是一个相当复杂的过程，引起了学术界的广泛关注与重视[144，145]。因此出现许多应用于各种不同目的的土地利用模拟与预测模型，这些模型均着眼于区域人口增长、经济发展、社会进步、自然环境变化等宏观背景下的土地系统结构及其空间演替格局的模拟。由于土地利用的模拟与预测方法的不同，对同一预测对象，其预测结果也有差异，就目前而言其中影响较大的主要有以下几种。

（1）土地利用系统动力学模型（system dynamics，SD）是在系统动力学理论的基础上建立、模拟土地利用变化的模型，是分析土地利用变化原因、过程与结果，认识土地利用系统变化、支持土地利用规划和政策的有力工具，主要应用于建立社会–经济–土地系统，模拟土地利用的未来变化，并在这种历史条件变化的基础上，通过改变系统参数模拟不同政策条件下的土地利用变化，而这种模拟仅限于将社会经济对土地的需求反映到土地利用变化上[146]，其核心就是研究驱动力与土地利用变化的关系。已有的研究工作表明，SD 模型能够从宏观上反映土地利用系统的复杂行为，为决策者提供决策支持[147]。

（2）土地动态变化模型（dynamics of land systems，DLS）以土地系统为研究对象，以区域用地结构变化均衡理论和栅格尺度用地类型分布约束理论为理论依据，该模型包括空间分析模块、土地需求模块、区域发展情景和空间布局模块[148]，综合考虑驱动区域土地系统结构变化的自然控制因子和社会经济驱动因子，在情景分析的基础上，定量地研究它们之间的动态反馈关系，揭示土地系统结构变化与格局演替的机理，模拟区域土地系统演化时空格局[149]。

基于模型估计结果，通过分解分析，计算针对政策情景变量的各种土地利用变化的贡献率，然后根据预测时段各类指标的预期变化，估计各种土地利用类型的变化，形成政策情景下土地利用变化的基准方案[150]。具体方法为在线性假设的条件下：

$$\Delta Y_i = f(\cdots, x_i^t, \cdots) - f(\cdots, x_i^{t-1}, \cdots) = f(\Delta x_i) \quad (6\text{-}1)$$

式中，ΔY_i 为土地利用类型 Y_i 的面积；x_i^t 和 x_i^{t-1} 分别为 t 和 t–1 时期的政策变量值；Δx_i 为两者之差，表示政策变量的变化量。

（3）CLUE-S 模型属于一种土地利用变化及其效应模拟模型，是为了适应中小尺度区域土地利用时空动态模拟，在 CLUE-S 模型的基础上发展而来的[151]。CLUE-S 模型由非空间和空间 2 个模块组成。非空间模块运用灰色系统预测、系统动力学和经济学模型等手段，并参考区域土地利用规划、社会经济发展规划成果，估算区域各种类型用地的年际需求变化，为空间模块提供相应的数据支撑。空间模块是 CLUE-S 模型的核心模块，主要通过揭示各种用地类型的空间分异与各驱动因子之间的相互关系，生成用地类型分布概率适宜图，实现区域用地需求空间配额[149]。

CLUE-S 采用逻辑斯蒂逐步回归模型测度每个栅格上出现某一用地类型的概率，用公式表达：

$$\ln[P_i/(1-P_i)] = \beta_0 + \beta_1 X_{1i} + \beta_2 X_{2i} + \cdots + \beta_n X_{ni} \quad (6\text{-}2)$$

式中，P_i 为某一用地类型分布概率适宜图中各栅格单元上某种用地类型的分布概率，亦即用地类型在各栅格上的适宜程度；X_{1i}，X_{2i}，…，X_{ni} 为表示各驱动因子；β_0，β_1，…，β_n 为待估参数。

该模型可以有效地筛选出对用地格局有显著影响的因子，同时剔除无影响因子。

利用 CLUE-S 模型模拟土地利用变化的过程是一个基于区域土地利用空间分布概率适宜图、区域用地转换规则和土地利用分布现状图，经多次迭代，在整个模拟区域内对土地利用需求及其效应进行空间分配的过程[149]。

（4）Agent 的概念。Agent 是 ABM 模拟土地利用变化过程社会群体行为的基本单位。在基于 Agent 的土地系统动态模拟研究中，ABM 既包括具有思维活动的人类，也包括人类土地利用活动的对象——自然地理环境[152]。

Agent 通过具有复杂系统机构和功能的系统模型，将众多个体行为与它们之间的交互作用，Agent 以非线性的方式突显出来，引发极其复杂的全局行为。同时，全局行为又作为新生成的 Agent 决策和行为环境，通过建立一定的约束条件对 Agent 产生反馈作用[149]。

从目前的研究进展来看，Multi-Agent 和 GIS 的集成主要有两种方式[153]：以 Multi-Agent 为中心和以 GIS 为中心。

土地利用及其变化是一个相当复杂的现象和过程，影响土地利用变化的因素很多，既有自然因素，也有经济与社会因素，许多研究试图通过建立模型来探讨土地利用的变化。但是，真正将土地利用变化与其空间分布相结合，探讨土地利用时空演变规律的动态模型并不多见。

马尔可夫（Markov）模型在土地利用格局变化建模中广泛的应用[154]，但传统 Markov 模型难以预测土地利用的空间格局变化。而元胞自动机（CA）模型具有强大的空间运算能力，可以有效地模拟系统的空间变化[148]，但它主要着眼于元胞的局部相互作用，存在明显的局限性。CA-Markov 模型综合了 CA 模型模拟复杂系统空间变化的能力和 Markov 模型长期预测的优势，既提高了土地利用类型转化的预测精度，又可以有效地模拟土地利用格局的空间变化，具有较高的科学性与使用性[155-157]。

6.2 CA-Markov 模型

6.2.1 Markov 模型

马尔可夫预测法是一种预测事件发生概率的方法，一种应用广泛的随机模型。基于时间和状态都离散的马尔可夫过程称为马尔可夫链，马尔可夫链（Markov Chain）作为描述随机过程的经典方法，已被广泛应用于土地利用变化、景观变化的研究中[158]。

马尔可夫过程是基于马尔可夫链，根据事件的目前状况预测其将来各个时刻

（或时期）变动状况的一种预测方法，通过对系统不同状态的初始概率，以及不同状态之间的转移概率的研究来确定系统各状态变化趋势，从而达到对未来趋势预测的目的，而该过程与某一时刻以前的状态无关，马尔可夫过程是无后效性的一种特殊的随机运动过程的数学模型，它是建立在系统“状态”和“状态转移”概念上的。

马尔可夫模型是用转移概率矩阵模拟地类从一种状态向另一状态转移的动态过程，是一系列特定的时刻间隔下，一个亚稳定系统由 t 时刻状态向 $t+1$ 时刻转化的一系列过程。无论其初始状态如何，总存在一个由转移概率矩阵唯一确定的稳定状态，称为状态转移概率 P_{ij}，P_{ij} 满足条件：

$$\begin{cases} 0 \leqslant P_{ij} \leqslant 1 \\ \sum_{i,j=1}^{n} P_{ij} = 1 \end{cases} \tag{6-3}$$

状态转移概率矩阵：假定某个事件的发展过程有 n 个可能的状态，即 E_1，E_2，…，E_n。记 P_{ij} 为从状态 E_i 转变为状态 E_j 的状态转移概率，则矩阵 P 称为状态转移概率矩阵：

$$p = \begin{bmatrix} p_{11} & p_{12} & \cdots & p_{1m} \\ \vdots & \vdots & & \vdots \\ p_{m1} & p_{m2} & \cdots & p_{mn} \end{bmatrix} \tag{6-4}$$

若系统在 t_m 时间处于状态 i，经过 k 次状态转移后，在时间处于状态 $t_{(m+k)}$ 的概率为 P_{ij}（K），则称 P_{ij}（K）为 k 步转移概率，记作 P（k）。从初始状态开始，经过 k 次状态转移后达到状态 E_j，这一状态转移过程中，可以看做是首先经过（k–1）次状态转移后达到状态 E_i，再由 E_i 经过一次状态转移达到 E_j，则：

$$A_j(k) = \sum_{j=1}^{n} A_j(k-1) p_{ij} \quad (j=1,\ 2,\ 3,\ \cdots,\ n) \tag{6-5}$$

根据马尔可夫预测齐次模型，系统所研究的事物在任何时刻的状态，可由它的初步状态和转移概率矩阵来确定，即：

$$S^k = S^0 \times A_j^k$$

马尔可夫模型在土地利用变化模拟预测中有广泛地应用[98，159，160]，但由于其没有考虑每一种土地利用类型的空间分布，所以传统的马尔可夫模型难以预测土地利用的空间动态变化。

6.2.2 终极状态概率

如果记行向量 $A_k = [A_1(k), A_2(k), A_3(k), \cdots, A_n(k)]$，则由公式（6-5）可知得到逐次计算状态概率的递推，其公式：

$$
\begin{aligned}
&A(1) = A(0) \times P \\
&A(2) = A(1) \times P = A(0) \times P^2 \\
&\cdots \\
&A(k) = A(k-1) \times P = A(0) \times P^k
\end{aligned} \tag{6-6}
$$

式中，$A(0) = [A_1(0), A_2(0), A_3(0), \cdots, A_n(0)]$为初始状态概率向量。

经过多次状态转移后所得到的状态转移概率，则成为终极状态概率，或平衡状态转移概率，如果将终极状态概率记作为：$A = [A_1, A_2, A_3, \cdots, A_n]$，则 n 满足一下条件：

$$
\begin{cases}
A = A \times P \\
0 \leqslant A \leqslant 1 \qquad (i=1,\ 2,\ 3,\ \cdots,\ n) \\
\sum_{i=1}^{n} A_i = 1
\end{cases} \tag{6-7}
$$

6.2.3 CA 模型

元胞自动机是具有事件空间计算特征的动力学模型，而不是一个具体的模拟模型，其特点是时间、空间、状态都离散，空间相互作用及时间因果均局部的网格动力学模型，每个变量都只有有限多个状态，而且状态改变的规则在时间和空间上均表现为局部特征，单元、状态、规则和邻居是 CA 模型的主要组成部分。CA 模型可以用下式表达：

$$
S_{t+1} = f(S_t, N) \tag{6-8}
$$

式中，S 为元胞有限、离散的状态集合；N 为元胞的邻域；t 和 $t+1$ 为不同时刻；f 为局部空间元胞转换规则。

CA 模型可以把局部性的小尺度上观测数据结合到邻域转化规则中，然后通过计算机模拟来研究大尺度上系统的动态特征。由于对复杂的非线性动力学过程具有较强模拟能力，并易于与 GIS、RS 等空间信息技术相结合。所以尽管 CA 模型具有强大的空间运算能力，可以有效地模拟系统的空间变化，但它主要着眼于元胞的局部相互作用，其局限性也较为明显。

6.2.4 CA-Markov 模型

Markov 与 CA 均为时间离散、状态离散的动力学模型，但是马尔可夫预测法没有空间变量，CA 的状态变量则与空间位置紧密相连。根据 Markov 模型和 CA 模型的特点，将二者结合起来，即形成 CA-Markov 预测模型，该模型综合了 CA 模型模拟复杂系统空间变化的能力和 Markov 模型长期预测的优势，既提高了土地利用类型转化的预测精度，又可以有效地模拟其结构的空间变化，其计算步骤如下。

（1）转换规则的建立。CA 规则即每一元胞的各种可能状态（即土地利用类型发生变化的容易程度）。本研究转换规则确定为土地适宜性规则。

（2）土地利用景观格局转移概率矩阵的生成。将研究区土地利用矢量图转为成栅格格式，通过 GIS 叠置分析，得到土地利用类型转移概率矩阵、转移面积阵。

（3）滤波器的选择。元胞自动机是一代理或一对象，它具有依据前一时期状态及其邻居的状态，以及转换规则改变其本身状态的能力。使用元胞自动机滤波器创建一空间意义明显的权重因子，使用该权重因子并依据相邻的栅格单元，改变该栅格单元的状态，更多地考虑了空间关系。本文使用 5×5 的滤波器模型。

00100

00100

01110

11111

01110

00100

（4）确定起始时刻和循环次数。

（5）进行预测模拟。

6.2.5 土地转变适宜性图像集

土地适宜性评价是根据影响土地质量的自然因素和社会经济属性而进行的一

项综合鉴定。根据土壤、气候、地貌及社会经济等因子与土地利用类型之间的相关关系，利用土地利用类型与这些因子之间的相关系数，最后采用地图代数法进行叠加，即利用每一图层的相关系数乘以每一单元对应的数值，再将这些图层的乘积相加，就可以获得每一单元的综合适宜性分值[161-165]。

图像集是由很多的图像组成的一个整体，是 IDRISI 的一种特定的文件组织方式，适宜性暗指了一个元胞对于某种特定的土地利用方式的适宜性。适宜性图像集是指由某种土地利用类型的若干适宜性图像所组成的图像集，本研究适宜性图像由 MCE（multi criteria evaluation）模块来生成的（图 6-1）。本研究中适宜性图像集的生成以土地利用为研究内容，以区域土地利用变化数量和转移特征为基础，尽可能综合考虑各种自然环境与社会经济因子，兼顾到数据的可获取性及满足定量化、空间化要求的原则。

（1）水文条件包括地下水埋深、地下水水质等。

（2）土壤条件包括土壤质地、土层厚度、土体构型、有机质含量、土壤养分状况、土壤侵蚀状况、土壤污染状况、土壤保水状况、土壤中砾石含量等。

（3）地形条件包括海拔、坡度、坡向、坡型、地形部位（在坡的上部、中部、下部）、微地形等。

（4）气象条件包括降水量、干燥度、≥10℃积温、多年平均温度等。

（5）社会经济方面：人口数据和 GDP 数据等。

具体的工作流程为：①确定评价因子；②确定因子权重；③将各因子进行加权合并，进而获取土地利用的适宜性图像。研究区域的土地利用适宜性图像是以土地利用变化的影响因素的图形为基础，全过程模型化、可视化，本文以 2001 年的土地利用数据为例进行土地利用转变的适宜性分析。

6.2.6 元胞自动机循环次数的设定与模型校验

循环次数的设定与土地利用转移矩阵有很大的关系。如果土地利用转移矩阵中两个年份相隔 10 年，那么这里循环次数的设定就应该是 10 的倍数，并且是等间距的。如果设定的循环次数是 10，那么模型运行的时候就会按照一年为一个间隔。

在利用该模型的运行比较费时，对于每个循环，每个土地利用适宜性图像作为滤波结果重新加权。因此，对于该模型的条件设置如图 6-2。

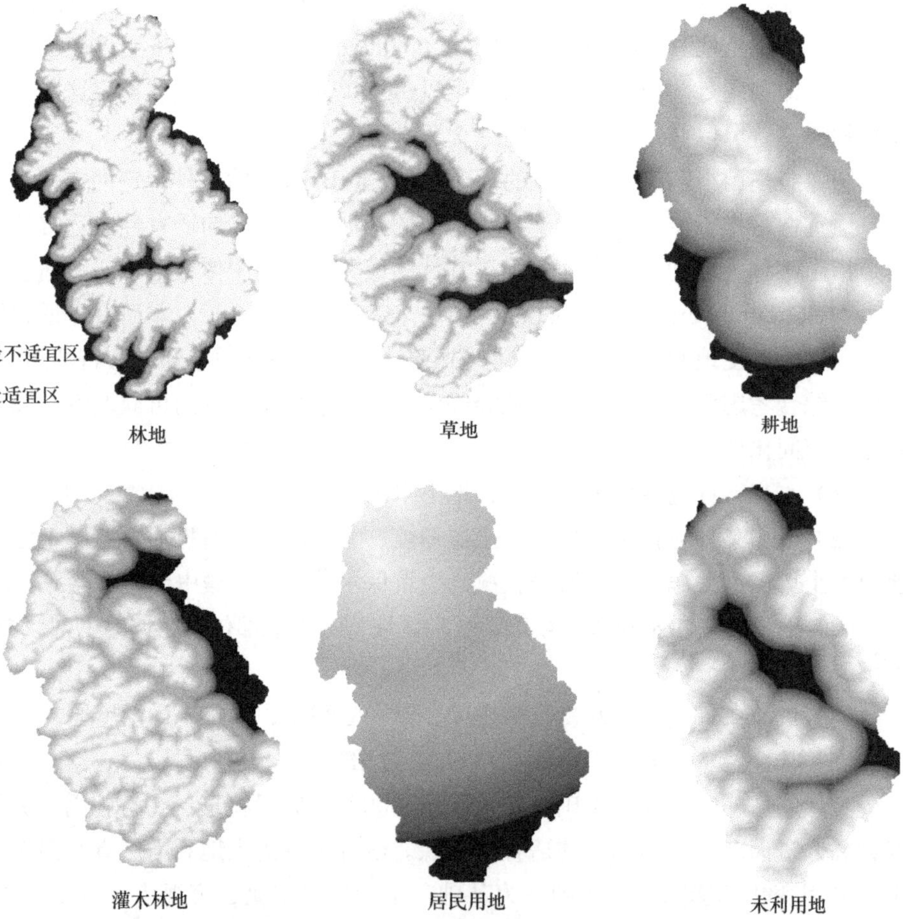

图 6-1　研究区域土地利用适宜性图像集

Fig. 6-1　Transition suitability image collection of land use in study area

为了检验该模型的精度，本文将 1992 年和 2001 年的土地利用现状图输入 Markov 模块，模拟计算出其转移概率矩阵和转移面积，然后在 CA-Markov 模块中设置模拟起始年份为 2001 年，输入土地利用适宜性图集，采用 5×5 的滤波器，循环次数设置为 5，进而获得模拟得到 2006 年土地利用类型图。在此基础上，本文引进修正的 Lee-Sallee 形状指数进行模拟精度分析。修正的 Lee-Sallee 形状指数即计算模拟结果和检验数据的空间交集和并集的面积之比，一般认为能达 0.3~0.7 即可[166]。具体表达式[167, 168]：

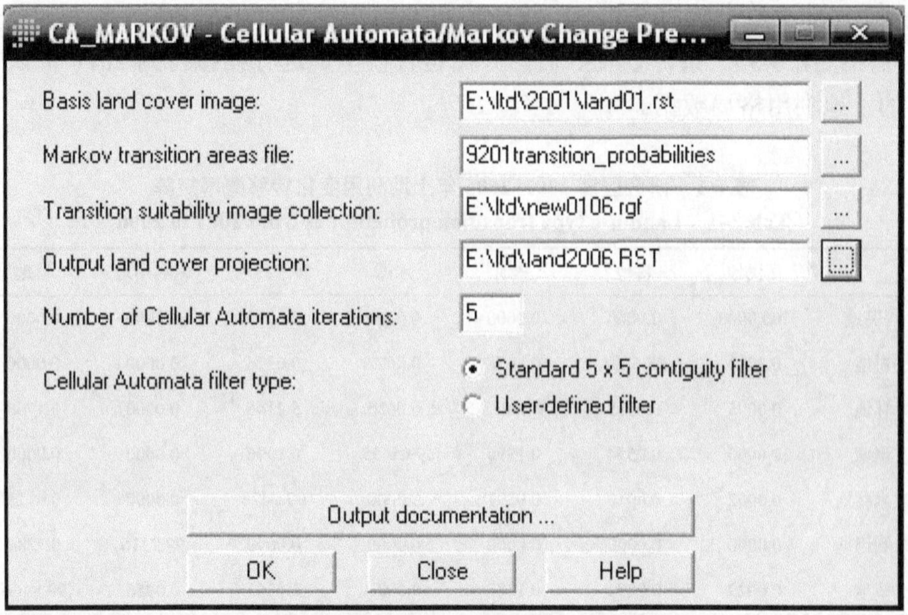

图 6-2　CA-Markov模型运行条件设置

Fig. 6-2　Condition setting of running on CA-Markov model

$$L=\frac{A_0 \cap A_1}{A_0 \cup A_1} \tag{6-9}$$

式中，L 为修正指数；A_0 为真实的土地利用格局；A_1 为模拟的土地利用格局。

本文计算其修正的 Lee-Sallee 形状指数为 0.658，模拟结果具有较高的精度，说明采用 MCE-CA-Markov 模型进行模拟研究时设置的参数准确、规则合理。此外，也可以看出该模型在模拟预测在数量变化和空间变化上的准确性。

6.3　土地格局预测分析

利用 MCE-CA-Markov 耦合模型进行研究区域土地利用格局变化趋势预测。先计算转移概率矩阵，将 2001 年和 2006 年的土地利用现状图，利用 Markov 模块模拟计算出其土地利用的转移概率矩阵和转移面积。转移概率矩阵见表 6-1，利用 2001 年和 2006 年的土地利用现状图生成的转移矩阵，在此元胞自动机的循环次数就设定为 5 和 10，输入土地利用适宜性图集，采用 5×5 的滤波器，循环次数设置为 5 和 10，进行模拟得到 2011 和 2016 年的土地利用格局分布图（图 6-3）。条件设置好后，开始运行模型，进行模拟得到 2011 和 2016 年的土地利用格局数据。

表 6-1　研究区域 2001~2006 年土地利用变化转移概率矩阵

Tab. 6-1　Land use type transition probabilities from 2001 to 2006

	居民地	耕地	林地	水域	灌木林地	未利用地	草地
居民地	100.0000	0.0000	0.0000	0.0000	0.0000	0.0000	0.0000
耕地	0.3783	98.6891	0.8478	0.0522	0.0326	0.0000	0.0000
林地	0.0005	0.0015	94.6032	0.0035	5.2145	0.0000	0.1768
水域	0.0000	0.0554	0.1996	99.5455	0.1996	0.0000	0.0000
灌木林地	0.0002	0.0010	0.0397	0.0000	99.9478	0.0000	0.0113
未利用地	0.0000	0.0000	0.0000	0.0000	0.0000	99.2216	0.7784
草地	0.0029	0.0004	0.1387	0.0000	0.0061	0.0056	99.8464

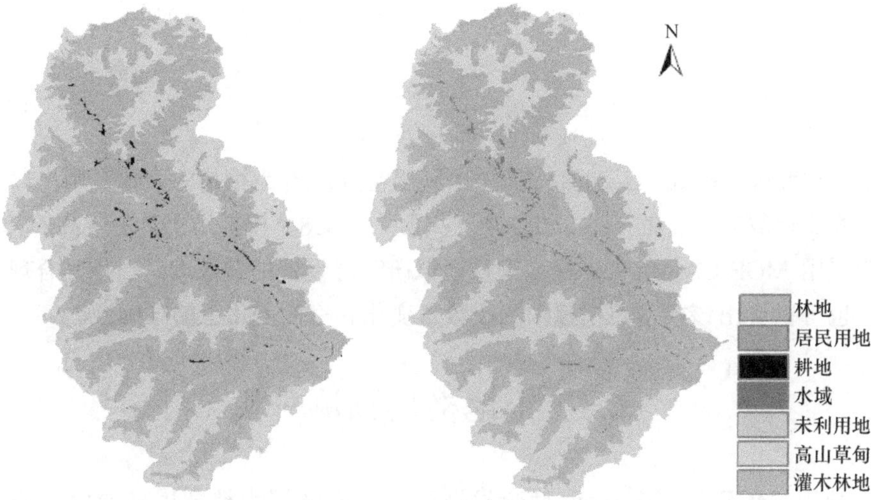

图 6-3　研究区域土地利用预测结果（2011 年，2016 年）

Fig. 6-3　Prediction Results of Land Use Condition of 2011 and 2016

6.4　预测分析的结果分析

通过对各类土地转换分析可以看出（表 6-1），耕地主要流向了林地，其次是居民地，流入的主要是水域和和林地，但流出量要大于流入量，居民地没有向外发生转移，而流入的主要是耕地，林地主要流向了灌木林地和草地，而流入的主要类型为耕地；水域的保留率较高，流入和流出的概率却较低，灌木林地主要流向了林地和草地，而流于的主要是林地，未利用地的主要流向都是草地，且流出量要大于流入量，而草地的流入量主要是未利用地，而流出量主要是林地，且流入量要大于流出量，按照该转移矩阵，通过 MCE-CA-Markov 耦合模型得出 2011 年和 2016 年的预测结果，从模拟结果我们可以看出研究区域的土地利用结构的特点。

从表 6-2 可以看出，如果按照当前的土地利用开发规模的发展下去，居民地面积一直呈现增加的趋势，且 2006~2011 年增加的面积达到 41.03 hm^2，增加的面积比例达到 211.06%，2011~2016 年增加的面积为 2.79 hm^2，增加的比例为 4.61%，且居民地增加的主要来源是耕地，说明随着人口增长、经济发展和生产技术的进步，产业活动强烈，加大了对耕地的改造和利用，促使土地利用集约化程度较高的居民点地增长较快，这与区域经济社会的发展有一定的关联。耕地面积一直呈现减少的趋势，特别是 2006~2011 年减少的比例最大，其减少的面积为 135.53 hm^2，耕地减少的区域主要集中分布在陡坡区域，现存的耕地主要集中分布于缓坡区域，趋向于适宜地区扩展，这一过程对本区的生态环境和水土流失带来一定有利的影响，同时也表明了人类活动的范围有所减小，主要归功于 80 年代末进行的森工局转制、1998 年起实行的包退耕还林工程、生态环境保护工程和天然林资源保护工程等一系列生态建设和环境保护政策的调整。2006~2011 年林地面积呈现减少的趋势，减少的面积为 3671.67 hm^2，减少的比例为 4.05%，而 2011~2016 年林地面积呈现增加的趋势，增加的面积为 103.44 hm^2，而森林增加的来源主要是灌木林地，说明从 1998~2016 年实行的包退耕还林工程、生态环境保护工程、天然林保护工等一系列生态建设和环境保护政策已经开始起到生态保护的作用，大部分地区的林地得到了更新，森林资源得到有效的生态恢复，有效地保护了天然林和次生林，且部分森林资源取代了灌木林地，促使该地区的林线不断上升，灌木林地不断萎缩，形成合理的森林（乔、灌、草等层）多层次结构，森林生物多样性增高，水源涵养水土保持功能增强，表明经过 18 年的恢复，人工林和次生天然林的逐步演替，其生物量将会增长，其生态屏障功能，如水源涵养、水土保持、径流调节、生物多样性保护等也将逐步恢复[169]，区域生态环境的质量得到了好转，再次表明天然林的生态恢复是一个很缓慢的过程，因此，今后要继续加强当地林业管理部门对林业的保护、管理和宣传工作，加强生态功能的恢复，制定相适应的产业结构。灌木林地在 2006~2011 年呈现增加的趋势，增加的面积为 9282.85 hm^2，而 2011~2016 年其面积呈现减少的趋势，减少的灌木林地主要转变为林地。未利用地一直呈现减少的趋势，2006~2011 年减少的面积为 1248.22 hm^2，2011~2016 年减少的面积为 2.09 hm^2，在一定程度上表明人类对未利用地的利用和改造程度不断的提高，加大对未利用地的治理，且减少的未利用地主要转换为草地。草地从 2006~2011 年呈现减少的趋势，减少的面积为 4197.29 hm^2，2011~2016 年面积增加为 9.43 hm^2。总之，从预测的面积来看，居民地面积一直呈现增加的趋势，耕地和未利用地呈现减少的趋势，草地、林地和水域呈现先减少而后增加的趋势，灌木林地呈现先增加而后减少的趋势。

表 6-2　研究区域土地利用CA-Markov过程预测值（hm^2）

Tab. 6-2　The predictive value of CA-Markov procedure and land use in study region（hm^2）

土地类型	2006	2011 年		2016 年	
		预测值	增加及其比例	预测值	增加及其比例
居民地	19.44	60.47	41.03（211.06%）	63.26	2.79（4.61%）
耕地	1364.4	1228.87	–135.53（–9.93%）	1227.24	–1.63（–0.13%）
林地	90 743.4	87 071.73	–3671.6（–4.05%）	87 175.17	103.44（0.12%）
水域	812.16	740.99	–71.17（–8.76%）	746.12	5.13（0.69%）
灌木林地	41 715.54	50 998.39	9282.85（22.25%）	50 881.33	–117.06（–0.23%）
未利用地	14 010.84	12 762.62	–1248.22（–8.91%）	12 760.53	–2.09（–0.02%）
草地	69 305.22	65 107.93	–4197.29（–6.06%）	65 117.36	9.43（0.01%）

6.5 终极状态矩阵建立

由于表 6-1 所示转移概率矩阵为标准概率矩阵，因此存在终极状态概率，也就是说，研究区土地利用状态经过无数次状态转移后，将会达到一个平衡状态。

设终极状态概率为 $A=[A_1,A_2,A_3,A_4,A_5,A_6]$，将 A 和表 6-1 所示转移概率矩阵代入公式（6-9），则：

$$[A_1,A_2,A_3,A_4,A_5,A_6,A_7]=[A_1,A_2,A_3,A_4,A_5,A_6,A_7]\times P \tag{6-10}$$

即：

$$\begin{cases} A_1=1A_1+0.003\,783A_2+0.000\,005A_3+0A_4+0.000\,002A_5+0A_6+0.000\,029A_7 \\ A_2=0A_1+0.986\,891A_2+0.000\,0154A_3+0.000\,554A_4+0.000\,01A_5+0A_6+0.000\,004A_7 \\ A_3=0A_1+0.008\,478A_2+0.946\,032A_3+0.001\,996A_4+0.000\,397A_5+0A_6+0.001\,387A_7 \\ A_4=0A_1+0.000\,52A_2+0.000\,035A_3+0.995\,455A_4+0A_5+0A_6+0A_7 \\ A_5=0A_1+0.000\,326A_2+0.052\,145A_3+0.001\;\;996A_4+0.999\,478A_5+0A_6+0.000\,061A_7 \\ A_6=0A_1+0A_2+0A_3+0A_4+0A_5+0.992\,216A_6+0.000\,056A_7 \\ A_7=0A_1+0A_2+0.001\,768A_3+0A_4+0.000\,113A_5+0.007\,784A_6+0.998\,46A_7 \end{cases} \tag{6-11}$$

求解上述方程组，即可得到终极状态概率：

$$A=[0.0008,0.0050,0.4669,0.0036,0.0558,0.3213]$$

将此终极状态概率换算成面积，即可得到研究区各土地利用类型的终极面积，在基础基础上，结合 CA-Markov 模型及土地转变适宜性图像集，在 GIS 软件 IDRISI 中生成最终的土地利用图（图 6-4）。

分析结果显示，最终的土地利用数据和 2006 年相比，居民用地面积将会继续增加，最终面积将会达到 1.74 km^2，虽然居民用地占土地面积依然很小，但是随着随着人口增长、社会经济发展和生产技术的不断进步，其土地利用集约化程度在不断地提高，增长的速度较快，耕地面积有所减少，主要归于退耕还林政策的推行。人口数量不断地增加，耕地面积不断地减少，该结果表明研究区域在今后的发展中，生态环境与经济发展之间的矛盾还将长期存在，如何调整农牧业产业结构和转变生产经营方式，在促进当地经济发展的同时，又要有效

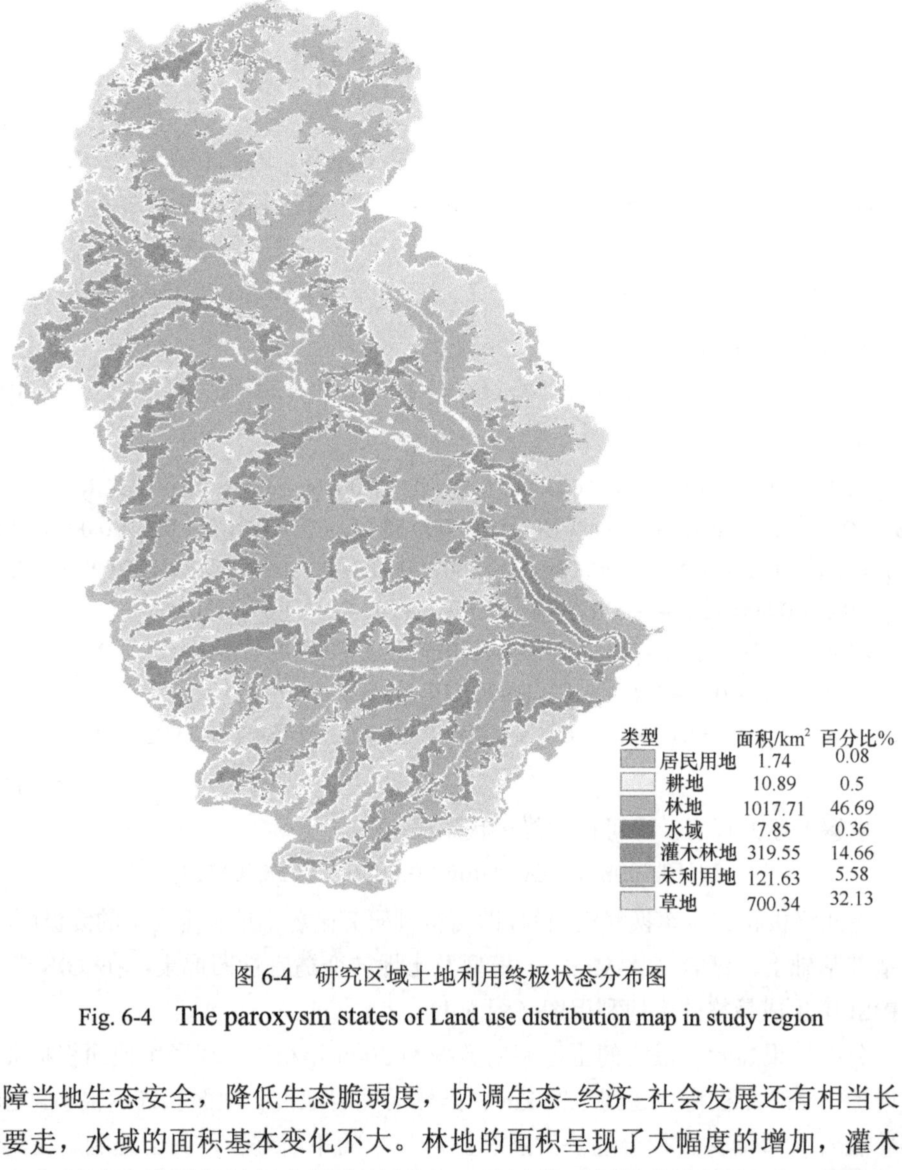

图 6-4 研究区域土地利用终极状态分布图

Fig. 6-4 The paroxysm states of Land use distribution map in study region

保障当地生态安全，降低生态脆弱度，协调生态–经济–社会发展还有相当长的路要走，水域的面积基本变化不大。林地的面积呈现了大幅度的增加，灌木林地和未利用地的面积呈现大幅度的减小，经过长时间的生态回复后，林地和灌木林地之间转换频繁的格局终于有了改变，呈现灌木林地–林地这一正向演替，林线不断上升，次生天然林（残次原始林）和次生灌丛不断萎缩，林地大面积增加，再次表明了天然林保护和退耕还林工程已经起到了一定的作用，我们已经看到了生态环境保护工程的成绩，区域生态环境恶化的势头在一定程度上得到了遏制。草地的面积呈现增加的趋势，增加的幅度较小，由于受到人为干扰减少，管理不善等人为因素，草地退化、沙化、水土流失等现象得到了一定的遏制，草地生态环境得到了一定的保护，草地退化一超载一继续退化的恶性循环终于得到了终结，草地的生态功能也发生了转变，同样归因于“天保”工程、退耕还林工程的推行。

本章小结

本章从区域生态环境出发，从众多生态环境因子中选择获取相对简单、能定量化、空间化的自然环境因子和社会经济因素作为土地利用格局变化的影响因子，通过空间相关分析函数筛选各地类主要影响因子。依托 IDRISI 软件，应用 CA-Markov 耦合模型，利用土地适宜性图谱作为 CA 转化规则的参数，采用数量变化预测与空间变化预测相结合的方法对杂谷脑河流域的土地利用空间格局变化进行了动态模拟，预测了 2011 年和 2016 年的土地利用空间格局。

（1）从预测的面积来看，居民地面积一直呈现增加的趋势，耕地和未利用地呈现减少的趋势，草地、林地和水域呈现先减少而后增加的趋势，灌木林地呈现先增加而后减少的趋势，表明经过 18 年的恢复，人工林和次生天然林的逐步演替，其生物量将会增长，其生态屏障功能，如水源涵养、水土保持、径流调节、生物多样性保护等也将逐步恢复，区域生态环境的质量得到了好转，再次表明天然林的生态恢复是一个很缓慢的过程。

（2）通过计算土地利用变化的终极状态概率，并将其换算为各用地类型占地面积，本文首次将终极状态概率和 CA-Markov 相结合，分析结果表明，居民用地面积将会继续增加，最终面积将会占研究区土地总面积的 18.37%，成为研究区内另外主要的用地类型；而耕地、水域、灌木林地、和未利用地将继续保持减少的趋势，林地和草地面积增加。

（3）采用 CA-Markov 耦合模型进行土地利用格局趋势预测，全过程空间化、数字化、自动化、图谱化。模拟结果对区域土地退化的治理、恢复及资源开发的规划等具有一定的参考价值。

7 研究区域生态脆弱度评价

杂谷脑河位于岷江上游，而岷江上游是长江上游地区的生态环境屏障和西部生态环境建设的重点。由于森林过度砍伐，岷江上游生态环境遭受严重破坏，主要体现在：森林覆盖率降低，森林功能减弱，河谷向干旱化发展[170]；该区域典型的高山峡谷区地貌，山体高差悬殊，山体结构破碎，其分布幅度差异甚大[171]，由于受青藏高原整体变化的影响，地震、泥石流和崩塌滑坡等山地灾害频繁发生。特别是随着人类活动的加剧，造成森林资源的锐减，流域径流量总体上呈现逐年递减的趋势[170]；岷江上游水电站的无序建设，极大地削弱了河流水体生态系统自身的调控和平衡功能[4]，加之该区域干旱少雨，且蒸发量远远大于降水量，属于典型的生态脆弱区，人类活动的频繁加速了植被退化，且自然植被严重退化形成荒山荒坡，水土流失极为严重，灾害频繁，生态环境极为脆弱。

因此，以典型生态环境脆弱区杂谷脑河流域为例，基于环境脆弱度的内涵，从生态敏感度、生态弹性度和生态压力度三方面特征选取指标，建立相应生态评价模型，对研究区 2006 年的环境脆弱度进行定量评价，在此基础上，探讨生态恢复与生态重建，恢复该区的森林植被，改善恶劣的生态环境，这对促进岷江流域的经济发展、社会稳定、维持生态平衡等具有十分重要的现实意义。

7.1 生态脆弱度评价

7.1.1 评价的总体思路

生态环境脆弱度受系统内部组成结构、外部自然条件和人类活动干扰等因素的影响[1]，是通过环境状态的改变而体现出来的，它是环境因子关于时间的一个属性，而环境因子之间的联系形式构成了环境系统的结构，从而使系统具有特定的功能和一定的调节阀值[172]，如果超出了生态系统抵抗干扰的闭值范围，从而使生态系统发生不可逆转的变化，这种性质可以用生态弹性来描述。敏感性主要反映环境及其组成要素对外界扰动发生响应的灵敏程度[172]，主要取决于来自环境系统外部受到的胁迫（stress）程度[4]。生态压力主要研究人类的生存需求和社会经济活动对自然资源和环境系统带来的压力。总而言之，生态敏感性和生态弹性评价反映了生态环境系统脆弱度的外界因素和内在因素，生态压力则反映了影响脆弱程度的人为因素。可见，生态环境脆弱度评价是一个综合性的评价，评价目的是研究生态环境脆弱的成因机制及其变化规律，从而提出合理的资源利用方式和生态保护与生态恢复的措施，以实现资源环境与社会经济的协调发展[4]。

7.1.2 评价方法

结合当地实际，本着可操作性、科学性、可表征性及可度量性等原则，广泛收集研究区域的生态环境的有关数据，然后选取环境生态弹性、敏感性和生态压力的评价指标，对指标进行标准化处理，并确定各指标权重，在此基础上构建评价模型，对该区域生态环境脆弱度进行测度。

7.1.3 数据收集

本文在进行研究区域生态环境脆弱度综合评价过程中，收集了研究区的自然环境和社会经济资料，主要包括矢量数据、纸质数据、社会经济统计数据、相关调研报告、区划报告、生态现状调查报告等。其中，矢量数据主要包括等高线、NDVI 植被指数、土地利用遥感解译数据、水系、土壤质地、土壤有机质含量、植被类型、降水量等专题矢量数据。纸质专题地图包括研究区的多年平均气温等值线图、多年平均降水量分布图、干湿季蒸发量图等；社会经济资料主要统计年鉴，包括人口、农业生产、社会生产总值，以及区域生态环境治理情况等社会经济数据资料等。

7.2 生态环境脆弱度评价指标及其模型

本文分别提出了生态敏感度指数、生态弹性度指数、和生态压力度指数三个指数，用以描述特定生态环境的脆弱程度，并对于生态环境脆弱度的评价，构建如下概念模型：

$$EVI = f(ESI, EEI, EPI) \tag{7-1}$$

式中，*EVI* 为研究区域的区域生态脆弱度指数；*ESI* 为生态敏感度指数；*EEI* 为生态弹性度指数；*EPI* 为生态系统压力度指数。

脆弱的生态环境是一个多因素混合的复杂动态系统，通过生态敏感型评价模型可以定量地评价特定生态系统的脆弱程度，分析生态环境的脆弱状况[4]，在此基础上，进而对生态环境脆弱度在自然、人文系统自身的结构、功能进行探讨，预测和评价外部胁迫自然的和人为的对系统可能造成的影响。

7.2.1 评价指标体系

区域生态环境脆弱度评价指标体系的建立必须具备以下条件：①能够定量的描述和反映出特定生态区域某一时刻生态环境现状；②能够定性和定量的描述和反映出特定生态区域某一时刻生态环境发展变化的趋势及其变化；③各评价指标间相对独立性较强，且各类指标能够侧重反映出造成区域生态环境脆弱的某种胁迫力的影响程度；④该评价指标在社会、经济、自然和资源条件的支持下，必须具有一定的研究地域，且对区域生态环境的影响程度（权重或重要性）各异；⑤生态脆弱度评价指标建立在对研究区域生态脆弱度定性和定量分析基础上，以揭示区域生态环境脆弱度及其变化程度，具体见图 7-1。

7.2.2 生态敏感度的表达模式及计算方法

1. 土壤侵蚀敏感性评指数侵蚀

根据土壤侵蚀敏感性加权指数取值和对应敏感性分级标准确定该空间单元的敏感度。土壤侵蚀敏感性加权指数模式：

$$S_{11} = \sum_{i=1}^{n} A11_i \times W_i \tag{7-2}$$

式中，S_{11} 为土壤侵蚀敏感度指数；$A11_i$ 为第 i 个土壤侵蚀敏感性因子的等级分值；W_i 为第 i 指标因子的相应权重。

（1）土壤质地：土壤是土壤侵蚀发生的主体，是被侵蚀的对象，土壤质地主要反映的是土壤本身的侵蚀抗冲能力，土壤侵蚀的影响主要与其质地有关。因此，本文根据研究区域土壤类型图和土壤分布野外调查资料，应用 ArcGIS 专题数据库中提取的生成土壤质地分布图（图 7-2）。根据表 7-1 的分级赋值标准对土壤质地分布进行赋值。

（2）地形坡度：地形因素是引起水土流失和土壤侵蚀的主要原因之一。由于研究区域的海拔高差大、坡度较为陡峭，高山、深切峡谷特点明显，且山地斜坡稳定性差、径流速率大，流水下切作用明显，潜在水土流失威胁严重。土壤侵蚀

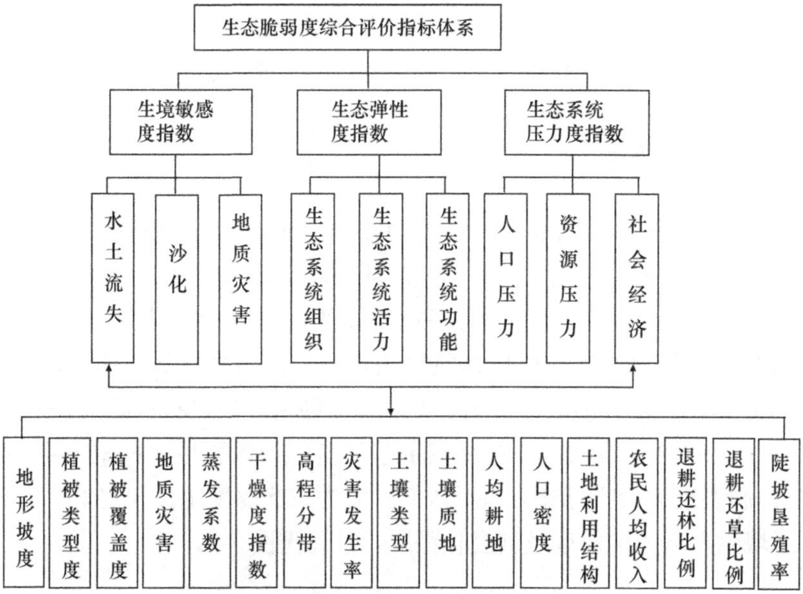

图 7-1 生态脆弱度综合评价指标体系框架

Fig. 7-1 The index framework of eco-environment fragibility assessment

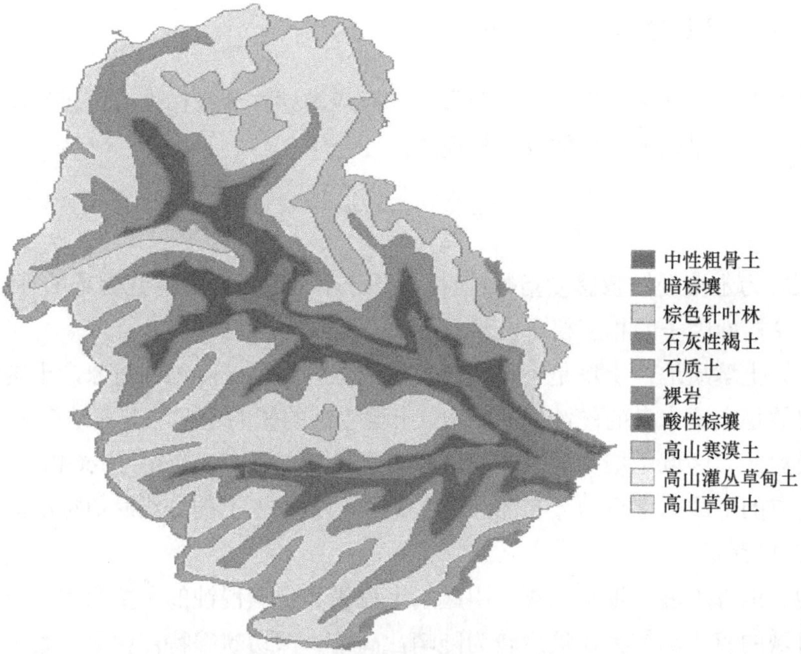

图 7-2 研究区域土壤类型分布图

Fig. 7-2 The soil type distribution map of study region

的强弱程度受到地形因子的影响，坡度越大，土壤侵蚀的强度就越大，这种影响能力通过坡度因子来量化。本文参照水土保持行业标准和其他的级别标准将坡度分为<5°、5°~8°、8°~15°、15°~25°和>25° 6 个等级，进行水土流失敏感性的指标分级划分，最后在 ArcMap 中绘制出地形坡度对土壤侵蚀敏感性的分布图。

（3）植被类型度：同植被类型对土壤侵蚀的影响也有差异。结合研究区域植被覆盖图和植被分布野外调查资料，对研究区域的植被分类系统按照三级进行划分，应用 ArcGIS 从地理数据库中提取生成植被类型分布图。根据表 7-1 的分级赋值标准对植被覆盖数据进行赋值，最后在 ArcMap 中绘制出植被类型对土壤侵蚀敏感性的分布图（图 7-3）。

表 7-1 水土流失敏感性评价指标分级标准

Tab. 7-1 Sensitivity assessment index and its grading standards for water and soils loss

等级分值	指标因子分级标准				
	一般敏感	轻度敏感	中度敏感	高度敏感	极敏感
$A11_1$	基岩	黏质	砂质	壤质	沙质
$A11_2$	<5°	5°~8°	8°~15°	15°~25°	>25°
$A11_3$	杂草类草甸	针叶林、阔叶林及其混交林	阔叶矮曲林	灌丛	高山稀疏植被
$A11_4$	<1300mm	1300~1400mm	1400~1600mm	1600~1800mm	>1800mm
	1	3	5	7	9

（4）降雨侵蚀力（R 值）：降雨是导致水土流失的主要动力因素，降雨侵蚀力反映了降水对土壤侵蚀的潜在能力，它是降水的物理性质函数。本文根据相关研究成果，在基于 DEM 的基础上完成对研究区域降水量的插值计算，内插生成研究区域内的年降水量（图 7-4）。本文中的降雨侵蚀力根据王万忠等[173, 174]利用降水资料计算的中国 100 多个城市的降雨侵蚀力，在地理信息系统技术的支持下，采用内插法，获得研究区域内每个栅格单元上的 R 值，后在 ArcMap 中绘制出 R 值对土壤侵蚀敏感性的分布图。在此基础上，本文将土壤侵蚀和植被类型叠加分析可知，强度侵蚀的主导植被类型是耕地和草地区域，中度侵蚀区域集中分布在灌木林地地带，轻度侵蚀和微度侵蚀的主导植被类型是落叶阔叶林和针阔混交林，其中微度侵蚀主要集中分布于灌木林地，无侵蚀和微度侵蚀的主要植被类型是针叶林，该结果再次表明作为群落演替后期以云、冷杉为主的亚高山针叶林，构成了地带性森林，且其形成的稳定森林群落类仍然主导着区域森林景观，总体而言，

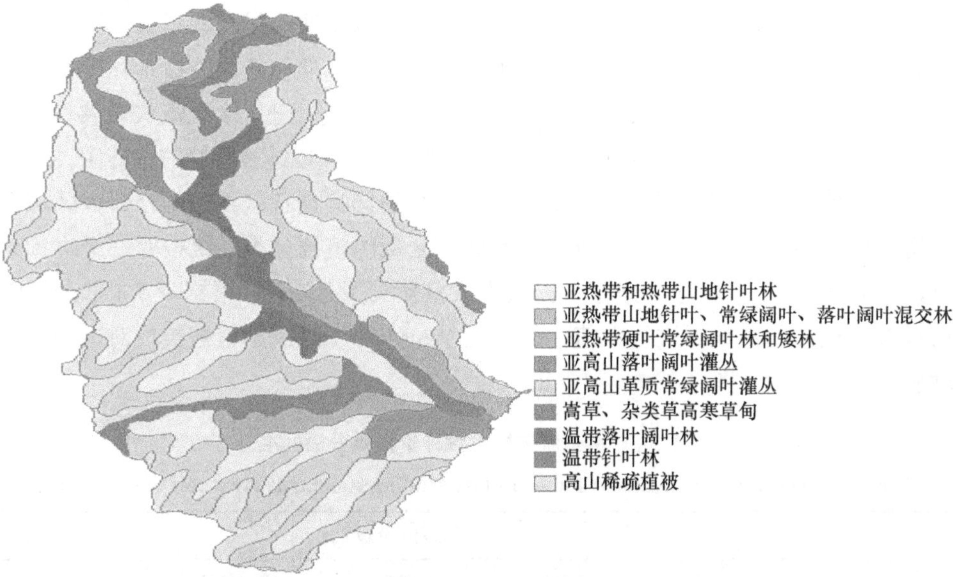

图 7-3　研究区域植被类型分布图

Fig. 7-3　The vegetation type distribution map of study region

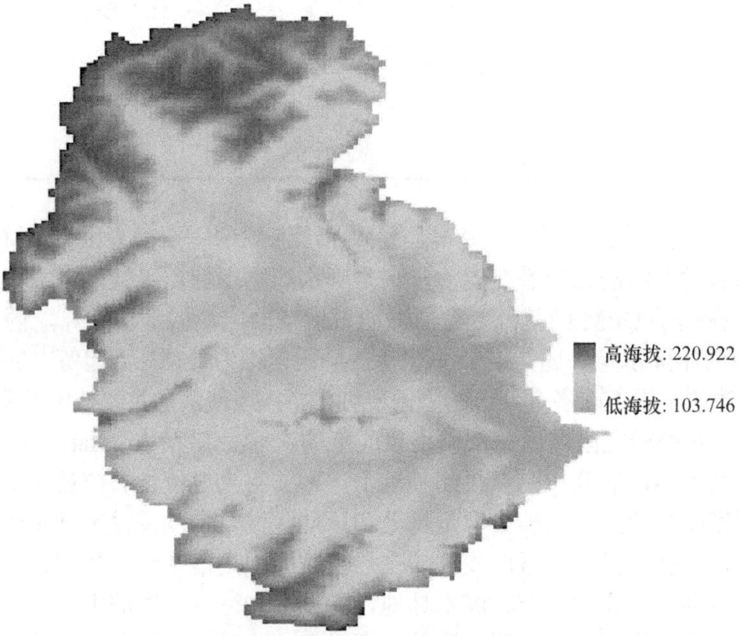

图 7-4　研究区域降水量分布图

Fig. 7-4　The raining distribution map of study region

从控制土壤侵蚀强度的能力大小看：针叶林＞落叶阔叶林＞针阔混交林＞灌丛＞草地＞农用地。

2. 地质灾害敏感性评指数侵蚀

研究区域区内地质大部分属马尔康地质分区和龙门山地质分区，属纬向构造体系[106]。境内沉积岩广泛分布，出露较全。岩层总的走向趋势为东西向，局部地域有扭动构造，其应力由北偏西向南偏东，使地壳产生水平运动导致岩层产生褶皱和垂直运动。区内主要以片岩、千枚岩、砂板岩、大理岩等变质岩为主，花岗岩零星分布[175，176]。该区基本按面斜谷背斜山的模式展现地形，地势向东南四川盆地方向倾斜，呈典型的高山峡谷地貌。

区域构造活动强大、剥蚀侵袭剧烈、山高坡陡、岩层破碎、气候干燥、降水少而不均、蒸发量极大、焚风效应显著、土壤瘠薄、具粗骨性、水土流失严重，且坡面与谷地的侵蚀与堆积活动强烈，该区域是青藏高原东部生态最脆弱、环境最恶劣的地段之一，也是植被恢复重建最困难的地段之一[177-179]。

本文中对地质灾害的敏感性评价主要根据中国地质调查局的“中国地质灾害图”作为研究依据，根据地质灾害发生程度分区相应地将地质灾害敏感性分为五级，其分级标准见表 7-2。

表 7-2　研究区域地质灾害敏感性分级标准

Tab. 7-2　The classification of geological hazard sensitivity

	一般敏感	轻度敏感	中度敏感	高度敏感	极敏感
地质灾害发生程度	微度分布区	轻度分布区	中度分布区	重度分布区	极重度分布区

7.2.3　生态弹性度的表达模式及计算方法

生态弹性大小的评价可通过生态系统的组成结构与各组成成分的情况来判断。虽然生态系统具有自我调节与自我恢复能力的特性，但它的生态弹性是有限度的，如果外界的作用使其过于偏离原来的平衡点而超过了系统的弹性限度，那么生态系统就从一种状态改变成了另外一种状态[180]。因此，借助于气候、地形、土壤、植被、生态环境等生态要素，通过对研究区域生态系统的功能综合评价，来实现对该区域生态系统的弹性度分析和研究。因此，在根据实地调查情况并借鉴相关研究的经验的基础上，本文选取了植被覆盖度、蒸发系数、干燥度指数、高程分带、灾害发生率（滑坡、泥石流、崩塌、地震和洪水发生的频率）等因子，且作为生态系统稳定性和抗干扰能力的主要因素。这些要素的结合，基本上可以反映生态系统弹性力的大小，其中生态弹性度的评价模型：

$$EEI = \sum_{i=1}^{n} B_i \times W_i \tag{7-3}$$

式中，EEI 为生态弹性度指数；B_i 为生态系统弹性特征要素，分别为地形地貌、土壤、植被、气候和生态环境要素的因子；W_i 为要素 i 相对应的权重值。

植被覆盖及其变化是区域生态环境变化的重要指标，对水文、生态、全球变化等都具有重要的意义。其中，植被覆盖度的计算公式：

$$f_g = \frac{NDVI - NDVI_{\min}}{NDVI_{\max} - NDVI_{\min}} \tag{7-4}$$

且 $NDVI_{\min}$、$NDVI_{\max}$ 分别为非植被覆盖部分（裸地和未利用地）和植被覆盖部分（林地、草地等）归一化植被指数值的最小值和最大值。

归一化植被指数（normalized difference vegetation index，NDVI）是目前应用最广泛的一种植被指数，$NDVI$ 的变化在一定程度上能代表地表覆盖度变化，$NDVI$ 的定义：

$$NDVI = \frac{CH_4 - CH_3}{CH_4 + CH_3} \tag{7-5}$$

式中，CH_3 为 TM 影像第三通道的反射值；CH_4 为 TM 影像第四通道的反射值。

$NDVI$ 的值在–1 与+1 之间变动，无植被的裸土地区，$NDVI$ 值很低，近于 0，而植被密度较高的区域，$NDVI$ 值较高，大于 0.7，水为负值。

蒸发系数在一定程度上反映了区域农业自然条件对农业生产的支持强度，其计算公式：

$$K_m = E / P \tag{7-6}$$

式中，P 为年降水量；E 为蒸发量。

而干燥度指数则反映了一个地区的水热结合情况，其计算公式：

$$K = (0.6 \times \sum T) / R \tag{7-7}$$

式中，$\sum T \geqslant 10$ 的积温；R 为平均降水量。

7.2.4 生态压力度的表达模式及计算方法

人为压力和自然因素是生态系统在发挥服务功能时所面临的主要对象，由于人类是生态环境的主体和核心，所以生态环境所面临的压力主要与人类活动方式、强度与规模等因素密切相关。对于一个生态系统而言，如果没有人类的干扰，最终趋于一个平稳的状态，如果受到人类的干扰，特别是人类不合理的土地利用方式，最终会导致脆弱生态环境偏离原有的平衡状态。因此，如何高效合理地利用区域有限的土地资源，充分发挥自然生态系统的服务功能，满足区域内环境及资源对人口的承载力，这些都是我们对生态度评价所要考虑的首要问题，所以本文在对研究区域的土地利用分析研究的基础上，以研究区域统计年鉴的社会经济资料为主要来源，其中涉及人口、农业生产、社会生产总值，以及生态环境治理情况等社会经济数据资料。

由于人口的增长与在满足人类社会发展中的诸多不合理资源利用方式造成的[1]，那么生态压力指数可以通过生态环境承载的人口数量、资源利用方式和环境治理三个方面来反映。为此，生态压力度指数可表达：

$$EPI = \sum_{i=1}^{n} C_i \times W_i \tag{7-8}$$

式中，EPI 为生态弹性度指数；C_i 为生态压力要素；W_i 为要素 i 相对应的权重值。

其中涉及的主要指标如下①人均耕地：人均耕地反映了人均占有的土地资源数量，是当地社会经济发展的重要物质基 础，体现了农村社会经济的发展能力与潜力，以及对不利环境变化的适应能力；②人口密度：人口密度越大，对环境压力越大，自然资源消耗速度越快，抵御能力越弱；③农民人均收入：反映改善农田生态环境的经济能力的高低；④土地利用结构：反映了人们对土地资源的合理利用方式，是评价区域生态环境脆弱度的重要指标；⑤退耕还林草比例、陡坡垦殖率等：其反映了区域内社会对生态环境问题的认识程度及所采取治理措施的效果，有助于生态环境治理的提高，减缓生态环境敏感性的发展。

7.3 指标权重确定

7.3.1 评价单元的确定

对生态环境脆弱度进行评价，首先要明确评价单元，评价单元是进行区域生态环境脆弱度评价的最基本区域，即最小单元，评价单元在一定程度上客观地反映出生态环境特征的分异特征。本文以杂谷脑河流域为评价对象，小流域为评价单元，完成区域生态脆弱度评价，认识生态脆弱度，揭示生态脆弱的形成机理。以研究区的 DEM 为基础，运用 GIS 空间分析和地统计分析功能，按 2 km × 2 km 进行小区划分，生成覆盖全部研究区域的网格系统采样，采样方式采用等间距，对研究区域进行分割，建立生态环境脆弱度的综合评价单元——小流域，每个网格将区域综合生态脆弱度模型的计算结果作为样本中心点的值，进而综合评价并统计每个小流域的生态环境质量。

7.3.2 评价指标因子及其权重

主成分分析能够把一些具有错综复杂关系的要素（变量）归结为数量较少的几个综合因子(主成分)，是能够保留原要素所包含主要信息的一种多元统计方法，能够减少人为确定的影响，比较适合用来确定生态脆弱度评价中各指标的相对权重。由于生态脆弱度评价是建立在多要素的综合分析基础上，各要素之间显然存在着与生态脆弱度关系程度的强弱差异[181]。因此，本文在 ArcGIS 的支持下，对三个单项评价子单元（*ESI*、*EEI* 和 *EPI*）采用主成分分析法，根据各要素的作用大小，确定合理的各评价指标在生态脆弱度数据计算模型中的相对权重，通过主成分分析揭示各要素的相互关系，通过分析 ArcGIS 输出各指标之间的相关关系专题图，以便进行综合评价并确定各指标的相对权重，其主要计算过程如下。

(1) 原始数据标准化处理，以克服各评价指标的量纲不一致性，主要是通过标准差标准化来进行数据变换处理。

正向关系评价指标因子：

$$X_i = (x_i - x_{\min}) / (x_{\max} - x_{\min}) \quad (7\text{-}9)$$

负向关系评价指标因子：

$$X_i = (x_{\max} - x_i) / (x_{\max} - x_{\min}) \quad (7\text{-}10)$$

式中，X_i为评价指标 i 的标准化值；x_i为评价指标 i 的原值；$x_{\min}$和 $x_{\max}$分别为评价指标 i 的最小值和最大值。

经过标准化之后，X_i 的取值范围将在 0~1。该值越小，表明该指标表示的生态脆弱度越小，生态系统越稳定；相反，表明生态系统越脆弱，容易受到外部因素的干扰而受到破坏，产生逆向演进。

（2）建立各评价指标（变量）的相关系数矩阵 R，以分析各指标之间的相互关系密切程度。

（3）计算相关系数矩阵 R 的特征值 λ 和相应的单位特征向量 α_i。

（4）将特征向量作线性组合，输出 m 个主成分。

（5）利用 GRID 模块中的 MAKESTACK 命令，分别将各个评价单元经过标准化处理后的指标 X_i图转换成为一个综合图，以便进行主成分分析。

（6）通过 PRINCOMP 函数，对综合图进行主成分转换。根据所转换的主因子特征向量，计算各主因子的贡献率，然后再根据主因子的累计贡献率大小来确定主成分数。一般来说，主因子的累计贡献率达到 70%~90%就可以了。研究中我们把主因子的贡献率确定为 90%。

（7）根据特征值矩阵用公式计算各评价指标的公因子方差。

（8）然后通过对方差处理，获得各评价指标的相对权重。

7.4 综合评价模型和评价流程

7.4.1 综合指数评价模型

按照生态脆弱度评价的主导性原则、整体性原则和相关性原则，全面了解区域生态脆弱度的主要成因的基础上，对于生态环境脆弱度的评价本文采用综合指数法，体现出生态环境评价的综合性、整体性和层次性。本文中，在分别进行生态敏感性、生态弹性和生态压力单项评价的基础上（图 7-5），即采用 *ESI*、*EEI* 和 *EPI* 三个评价指数，来构建生态脆弱性指数，其计算公式：

$$EVI = 100 \times \sum_{j=1}^{n} D_j \times W_j \tag{7-11}$$

式中，EVI 为生态脆弱度指数；D_j 为指标的标准值；包括生态敏感性指数的标准值、生态弹性指数的标准值和生态压力指数的标准值；W_j 为指标权重；j 为指标的个数。

本文中 j=3。由于生态敏感性指数和生态压力指数属于正向指标，即 *ESI* 和 *EPI* 越大，生态脆弱度越高；而生态弹性度则属于逆向指标，即 *EEI* 越大，生态脆弱度越低。因此在进行综合指数评价之前，同样要对 *ESl*、*EEI*、*EPI* 三个指数进行标准化处理。

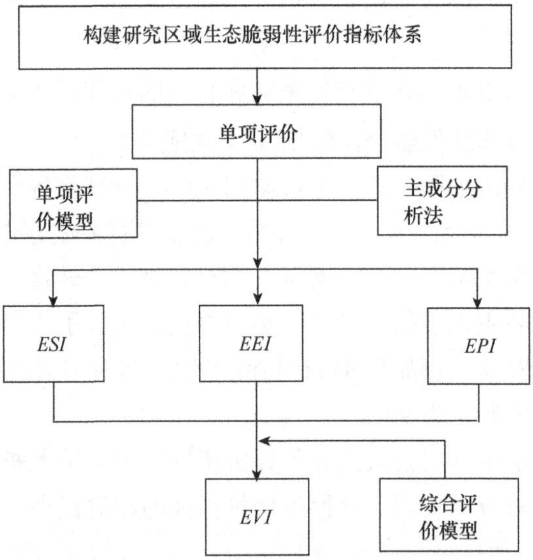

图 7-5　生态环境脆弱性评价示意图

Fig. 7-5　The chart of eco-environment fragility assessment

7.4.2　综合指数评价的标准与分级

通过这一生态脆弱度模型完成对研究区域的生境脆弱度的综合评价，该评价结果主要反映的是生态环境的脆弱程度，所以分值越低，*EVI* 值小，表示评价单元的生态环境质量较好，生态环境稳定性高，生态脆弱度不明显。相反，*EVI* 值越接近 100，表示评价单元的生态脆弱度越大，生态稳定性差。因此，根据生态

脆弱度指数 *EVI* 值大小，我们可以对各单元的生态脆弱度进行分级评价，从而使评价结果更直观。按照生态脆弱度指数从高到低划分，一个地区的生态脆弱度可以划分为五级，即为微度脆弱、低度脆弱、中度脆弱、高度脆弱和极度脆弱 5 个等级，*EVI* 值在 0~25 为微度脆弱，生态系统处于健康、稳定、平衡状态；*EVI* 值在 26~40 为低度脆弱；*EVI* 值在 41~55 为中度脆弱；*EVI* 值在 56~70 为高度脆弱；*EVI* 值在 71~100 为极度脆弱，表示生态系统已经处于非常脆弱状态，极易朝着恶化的方向演进（表 7-3），并制作生态脆弱度分布图。在定量分析研究区域生态脆弱度的现状和生态脆弱空间分布图的基础上，分析评价区域生态脆弱程度及其形成机制，为提出生态治理建设提供科学依据。

表 7-3　生境脆弱度的分级标准

Tab. 7-3　Classification standard of eco-vulnerability assessment

脆弱度指数	脆弱度等级	生态环境特征
71~100	极度脆弱	生态系统敏感性很高、抵抗能力和恢复能力很弱；区域内存在着严重的生态问题，且生态退化严重，在外力作用下，生态系统朝着恶化的方向演化，且逆向演替的趋势难以被扭转，并且生态环境现状已经阻碍了人类的生存和经济、社会的发展
56~70	高度脆弱	生态系统的生态敏感性较高，生态压力较大，而且生态弹性相对较低，区域内有一定范围生态问题，且潜在生态问题的威胁很大；整体抗干扰能力较弱，自我恢复力较小；生态承载力较低
41~55	中度脆弱	生态系统的敏感程度较低，生态弹性较高或者属于中等水平，面临生态压力属于中等；在外界的干扰下，容易发生生态问题，生态系统具有较好的自我恢复能力，加以人类合理的保护，并通过一定的生态修复，能够恢复到原有的生态功能状态
26~40	低度脆弱	生态系统敏感度相对较低、面临压力相对较小，而生态弹性度较高，抵抗干扰和自我恢复能力强，受到人类的干扰，可能存在一定的潜在问题；生态承载力较高，人类社会进行适度、合理的生活生产
0~25	微度脆弱	生态系统无明显脆弱因子，抵抗干扰能力和自我恢复能力强，面临的生态压力很小；生态承载力高，具有合理的资源利用及其空间分布，能够实现环境资源和经济社会的协调发展

7.4.3　生态脆弱区空间分布

在 ArcGIS 的支持下，提取每个网格中心点的生境脆弱度数值，通过 KRIGING 插值获得研究区生境脆弱度的空间分布（图 7-6）。从表 7-4 的统计分析可知，微度脆弱在的研究区域所占的比例最大，其面积为 78 498.82 hm^2，表明该时期研究区域的生态质量整体较好，主要归因于退耕还林工程、生态环境保护工程、天然林资源保护工程等一系列生态建设和环境保护政策的推行，其次是中度脆弱区，其面积比例为 29.8752%，微度脆弱区所占的面积比例最小，比例为 2.7040%，面积仅为 5894.01 hm^2，再次表明生态承载力高，适合人类进行合理的资源开发和利用活动的区域比较少，更说明耕还林工程、生态环境保护工程、天然林资源保护工程等生态保护工程还有很长的路要走，实现区域环境资源和经济社会的协调发展已是迫在眉睫。在结合土地利用和地形等综合因素分析可知，生态脆弱度的空间分布与研究区的地形地貌分布规律具有较强的相关性，脆弱度较高区域的地貌类型为高

表 7-4　研究区域生境脆弱度类型的面积比例

Tab. 7-4　The eco-vulnerability status in study region

脆弱度等级	面积/hm^2	面积比例/%
极度脆弱	25 843.06	11.856 2
重度脆弱	42 615.91	19.551 2
中度脆弱	65 119.20	29.875 2
低度脆弱	78 498.82	36.013 4
微度脆弱	5 894.01	2.704 0

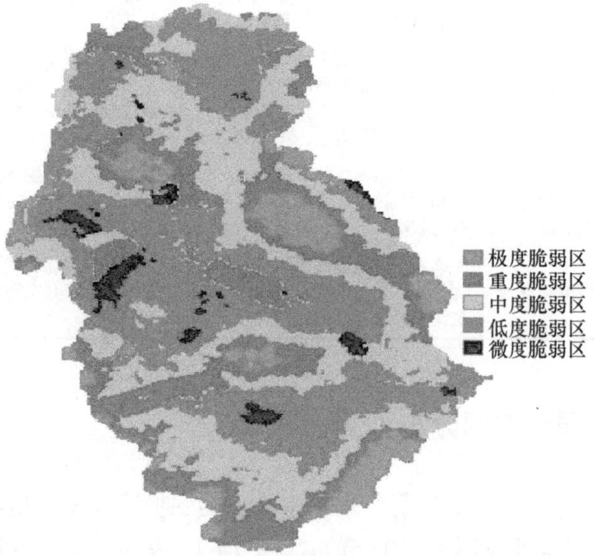

图 7-6　研究区域生态脆弱性的空间分布

Fig. 7-6　Spatial distribution of eco-vulnerability in study region

山、极高山或者河谷地带的平缓区域，对应的土地利用类型主要是高山区的未利用地、裸崖地、居民地和耕地；脆弱度较低区域的地貌类型多为坡度较陡的河谷地带，该区域主要是林地的所在分布区；而中等脆弱度区域的地貌类型则为山坡和河谷地带，该区域主要是灌木林地的分布区。由此可见，自然条件好（坡度大、地势陡峭、有河流、水热充足、光照充分，植被良好等）、人类活动相对少的区域，其生态状况相对良好，脆弱度相对较低，评价的结果再次说明了该区域地形地貌因素是形成该区域生态环境空间分异的主导因素，它通过海拔、坡度和地貌影响着水热因子在本区内的再分布，进而影响着土壤、植被的类型与分布，并最终反映了人类在本区域的资源开发和土地利用活动受到地形地貌等自然因素的明显控制[1]。

7.4.4 生态脆弱度评价结果的验证

如何验证生态脆弱度评价结果，一直是生态脆弱度评价领域的前沿学术难题[181]。通过上边的综合分析可知，生态脆弱度是一个多指标综合评分结果，一般很难用另一种独立的定量方法来验证，作者在查阅相关的文献后，首次提出利用植被覆盖度指数来验证生态脆弱度的方法，植被覆盖度是指植被在地面的垂直投影面积占统计区总面积的百分比，它反映了地表植被分布规律及区域生态环境的质量。因此，为及时准确地掌握植被动态变化至关重要，也是评价环境生态条件优劣的一个主要指标[182]，更是生态系统稳定性变化或退化的最直观表现。一般而言，植被覆盖度越大，植被越密集，生态环境的脆弱度越小，相反，生境的脆弱度就越大，基于这样的特性，本文通过网格的中心点提取平均覆盖度和生态环境脆弱度评价值，对两者进行回归分析，研究两者之间的关系（图 7-7）：

$$EVI = 96.726 + 22.437 f_g \text{，} \quad R^2 = 0.7853 \tag{7-12}$$

从公式（7-12）可知，生态脆弱度和植被覆盖度之间的相关系数为 0.7853，说明 f_g 与 EVI 之间存在较高的相关性，植被指数决定了 3/4 左右的生态脆弱度区域，从某种意义上讲区域植被覆盖度很大程度上可以决定着一个地区的生态脆弱度。但是由于这个相关系数平方并不是很高，从而也反映了生态脆弱度是一个较为复杂的问题，不仅由植被的多少决定，还是多因素共同作用的结果。通过研究植被覆盖度与生态脆弱度之间的这种关系，为我们提供了根据植被指数来验证生态脆弱度评价结果的可能性，因此可见，本项研究提出的生态脆弱度评价指标体系与评价模型是可用的，评价结果能够较好地反映研究区域生态脆弱的实际情况。

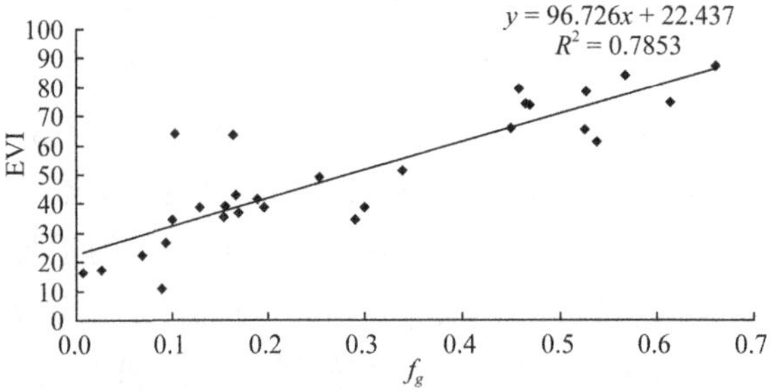

图 7-7　研究区域生态脆弱度与平均植被覆盖度之间的关系

Fig. 7-7　Correlation between eco-vulnerability and vegetation coverage

7.5　生态脆弱度评价空间分布趋势

由前面的分析可知，区域内地形地貌因素是形成生态脆弱度空间分异的主导因素，空间是各植被类型及其组成生长需要具有一定地理间的生态环境，由于海拔、坡度和地貌影响着水热因子在本区内的再分布，进而影响着土壤、植被的类型与分布，最终反映出人类在本区内的资源开发和土地利用活动受到地形地貌等自然因素的控制[1]，进而在一定程度影响区域生态脆弱度的空间分布及其内在结构。因此，本文通过对格网样点提取的生态脆弱度结果和 DEM 进行叠加，通过建立生态脆弱度评价结果的空间分布趋势模型，对生境脆弱度在空间分布趋势和沿海拔、坡向和坡度的空间分布趋势进行了分析，进而揭示生态脆弱度评价结果的空间分布基本特征和变化规律。

7.5.1　生境脆弱度沿海拔和坡向梯度的空间分布趋势

以样点海拔和坡向为自变量，*EVI* 为因变量，按照的二元二次多项式趋势面模型，采用最小二乘法，建立趋势面模型，其结果：

$$\begin{aligned} EVI = & 104.019 + 0.0435x - 0.0103y - 0.0006x^2 \\ & + (1.0713\text{E}-5)0.0006xy + (9.8369\text{E}-7)y^2 \end{aligned} \tag{7-13}$$

式中，*EVI* 为生境脆弱度；*x* 为坡向；*y* 为高程；其中模型的负相关系数为 0.6735。

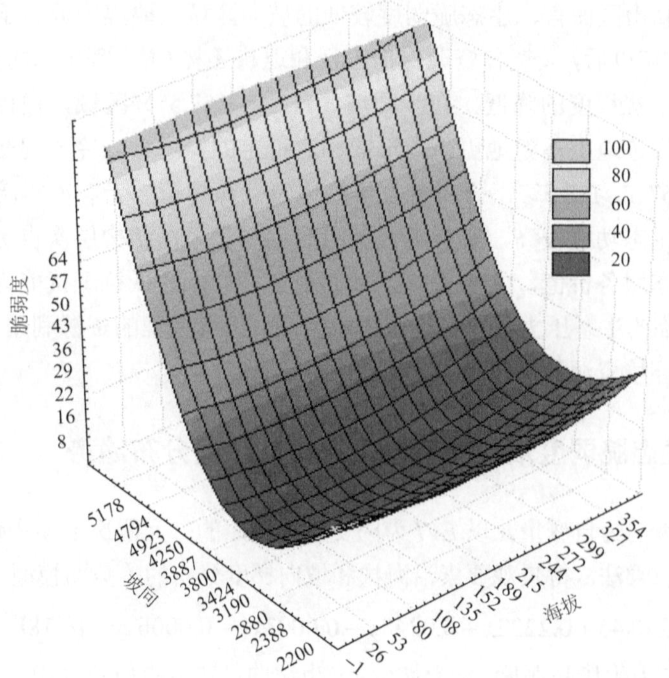

图 7-8 生境脆弱度与坡向、海拔的关系

Fig. 7-8 The relationship between eco-vulnerability and aspect elevation

对不同海拔、坡向生态脆弱度的三维趋势面模型的分析可知（图 7-8），生态脆弱度较低的区域集中在半山高半山区域，在海拔 3400~3800 m 是其主要的分布区，其次是河谷区，在该区域随着海拔的升高，脆弱度呈现减少的趋势；在亚高山区和高山区，随着海拔的升高，脆弱度呈现增加的趋势。对于脆弱度较高的河谷区而言，通过对前边 2006 年的土地利用的高程分异情况的分析研究可知，林地在该区域分布较少，耕地、居民地和水域主要集中分布于此，但是由于人口自然增长率比较高、文化教育落后、地方经济薄弱、投资力度小及扩大再生产以外延为主，如果对人类的干扰活动不加以限制的话，该区域的生态环境会进一步恶化。对于生太脆弱度高的亚高山和高山区而言，该地带由于分布一定量的灌木林地、草地和大量的未利用地（量裸岩），此外亚高山上限的森林已退化为草甸，有的甚至成为干化的荒山，区域生态环境的恶化程度加剧，致使生态环境比较脆弱。各海拔带生境脆弱度随坡向的变化不是特别明显，总体上是呈现缓慢增加的趋势。

对于半山高山区而言，生态脆弱度较低的坡向区域主要集中分布于 60°~155°，特别是 1998 年以后，天然林资源保护工程和退耕还林（草）等生态防护工程的开展，加之人类干扰程度的降低，在半阳坡（112.5°~157.5°）区域，白桦、山杨等先锋树种在采伐迹地上不断地更新，形成相对稳定的桦木、云冷杉混交林，而在半阴坡区域（67.5°~112.5°），分布着大量的地带性森林植被云、冷杉暗针叶林，由于该针叶林生态功能较高，其群落内部组成更加复杂，结构层次也更加丰富，具有较高的生态服务价值，主要着该区域的森林格局，故抵抗干扰能力和自我恢复能力强，面临的生态压力很小，生态承载力高，具有合理的资源利用及其空间分布，能够实现环境资源和经济社会的协调发展。

7.5.2 生态脆弱度沿坡向和坡度梯度的空间分布趋势

以坡度和坡向为自变量，以 *EVI* 为因变量，按照的二元四次多项式趋势面模型。仍用最小二乘法，得景观要素沿海拔和坡向梯度分布的趋势面模型，结果：

$$EVI = 62.0445 + 0.2222x + 0.0248y + 0.0003x^2 - 0.0006xy - (4.18\text{E}-5)y^2 \quad (7\text{-}14)$$

式中，*EVI* 为生境脆弱度；x 为坡度；y 为坡向；其中模型的复相关系数为 0.6217。

从图 7-9 可以看出，生境脆弱度在坡度方向呈现“∪”变化曲线，而在坡向方面呈现缓慢递增的趋势，生态脆弱度较低的区域主要集中分布于坡度在 21°~42°和坡向在 60°~160°的交叉区域，由于该区域坡度较陡，又是半阳坡和半阴坡的分布区，自然植被广布，气候寒冷湿润，宜农耕地极少，适合林木生长，因此形成以寒温带冷杉、云杉林占优势结构稳定的顶极植被，具有良好的涵养水源和水土保持功能，能够发挥森林的生态服务价值，故其生态脆弱度较低，生态系统稳定。在坡度 0°~21°，随着坡度的增加，生态脆弱度呈现减少的趋势，对于该区域而言，由于坡度较小，容易受到人为的干扰，大多为森林群落遭破坏后形成的次生植被，灌木种类很多，处于景观演替的初期，是一种不稳定的森林景观类型，由于该区域灌丛带中的植被覆盖度本来较低，草层稀薄，但仍是农区放牧牲畜的主要场地[1]，由于山羊放牧啃食对灌丛的破坏性较强，进一步加剧了土壤侵蚀过程，水土流失加剧，生态较为脆弱，环境质量更加恶化，生态脆弱度较高，很容易受到外界的干扰。对于坡度在 42°~90°，随着坡度的增加，生态脆弱度呈现增加的趋势，由于坡度增加，植被减少，加之毁林开荒、陡坡耕作等人类活动的存在，致使陡坡水土流失加剧、旱涝灾害频率上升，自然生态环境承受能力低，区域脆弱的生

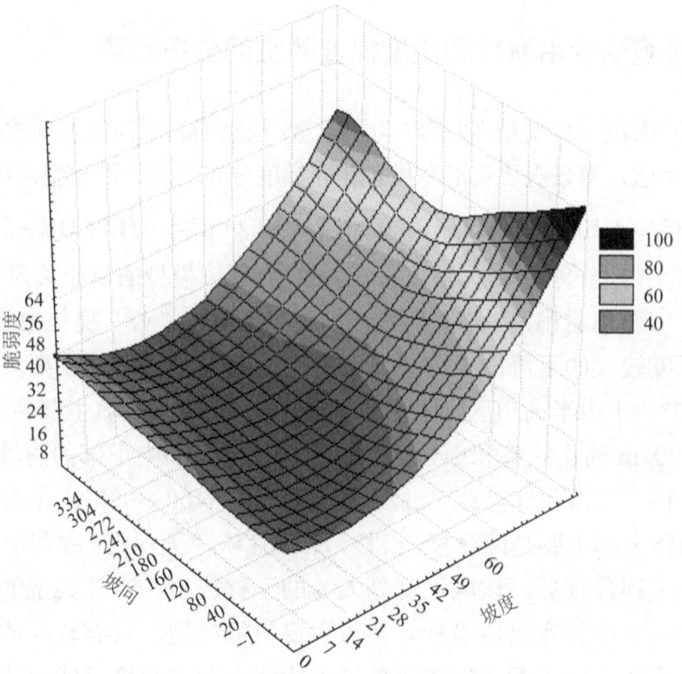

图 7-9 生境脆弱度与坡向、坡度的关系

Fig. 7-9 The relationship between eco-vulnerability and aspect，slope

态系统遭破坏。但是，在坡度范围在 60°~90°，随着坡向的增大，*EVI* 呈现“∪”变化曲线，生态脆弱度在阳坡和半阳坡（180°~210°）较小，而在阴坡和半阴坡（28°~80°和 320°~360°）较大，该区域主要是圆柏林的分布区，圆柏林主要位于林线附近的阳坡和半阳坡，生境较为脆弱，一经破坏，很难恢复[108]，如果圆柏林在受到火灾、砍伐和放牧等叠加干扰下，圆柏林逐步演替为圆柏灌丛和草地，导致下坡位亚高山草甸上侵，上坡位高山草甸下侵，生境质量恶化，通过分析可知，圆柏林在阳坡和半阳坡的生态脆弱度较小，而且生态系统较为稳定，再次表明了“天保”工程和退耕还林（草）等生态防护工程已经取得了一定的成绩。然而，坡度对生态脆弱度空间分异的作用是通过联合坡向对改善立地水分条件的效应发挥出来。因此，研究范围内由于坡度不同而引起立地条件的改变没有成为整个生境脆弱度空间分布趋势的重要因子，但是具有局部影响作用。

7.5.3 生境脆弱度沿海拔和坡度梯度的空间分布趋势

以坡度和海拔为自变量，以 *EVI* 为因变量，按照的二元四次多项式趋势面模型。仍用最小二乘法，得景观要素沿海拔和坡向梯度分布的趋势面模型，结果：

$$EVI = 61.6352 + 1.103x + 0.08328y + 0.0014x^2 - 0.0003xy - (1.2421\text{E} - 5)y^2 \quad (7\text{-}15)$$

式中，*EVI* 为生态脆弱度；x 为坡度；y 为坡向；其中模型的复相关系数为 0.5863。

从图 7-10 可以看出，生态脆弱度在高程方面呈现“∪”变化曲线，而在坡度方面呈现弧度较大的下降圆弧曲线，生态脆弱度较低的区域主要集中分布于坡度在 21°~42°的半山半高山区，通过前边的分析可知，该区域主要林地的分布区，在 3200~3400 m 高山峡谷和山原地区的山体的阳坡和中下部的阴坡，分布面积最大的是冷杉、白桦和红桦针、阔混交林，而在 3400~4000 m 的高山峡谷和山原地区的山体上部主要是纯冷杉、云杉、冷杜鹃林，“天保”工程和退耕还林（草）等生态防护工程推行后，该区域受到人为的干扰较少，森林类型的组成以群落演替后期的云、冷杉寒温性暗针叶林为主要植被类型，具有较高的生态服务价值，且生态系统无明显脆弱因子，抵抗干扰能力和自我恢复能力强。对于河谷区地带，特别是坡度在 0°~30°的区域，人为活动对植被坡度梯度分布的控制作用增强，人文景观增大，耕地和居民地增多，耕地主要集中在低海拔河谷区域，在沿江河两岸形成一个狭长带状耕地带，自然景观减少，森林面积减少，尤其是原生林木的大量减少，在自然条件和人为干扰双重控制，原始森林景观向人工干扰森林景观过去，再向形成次生的灌丛景观，最后形成干旱的荒山荒地，生态功能日趋下降，故其该区域的脆弱度较高，在坡度 30°~90°的区域，人为的干扰度减少，在生态保护工程的推行下，植被趋向正向演替，生境质量趋向好转。而对于亚高山和高山区域，随着坡度的增加，生境脆弱度呈现缓慢增加的趋势，虽然该区域人为的干扰较少，但该地带主要受自然条件控制，其植被分布主要由稀疏矮木灌丛向高山寒漠地带过渡，并伴有大量的裸崖地等未利用地存在，其生态系统敏感性很高、抵抗能力和恢复能力很弱；区域内存在着严重的生态问题，且生态退化严重，在外力作用下，生态系统朝着恶化的方向演化，且逆向演替的趋势难以被扭转，并且生态环境现状已经阻碍了人类的生存和经济、社会的发展。

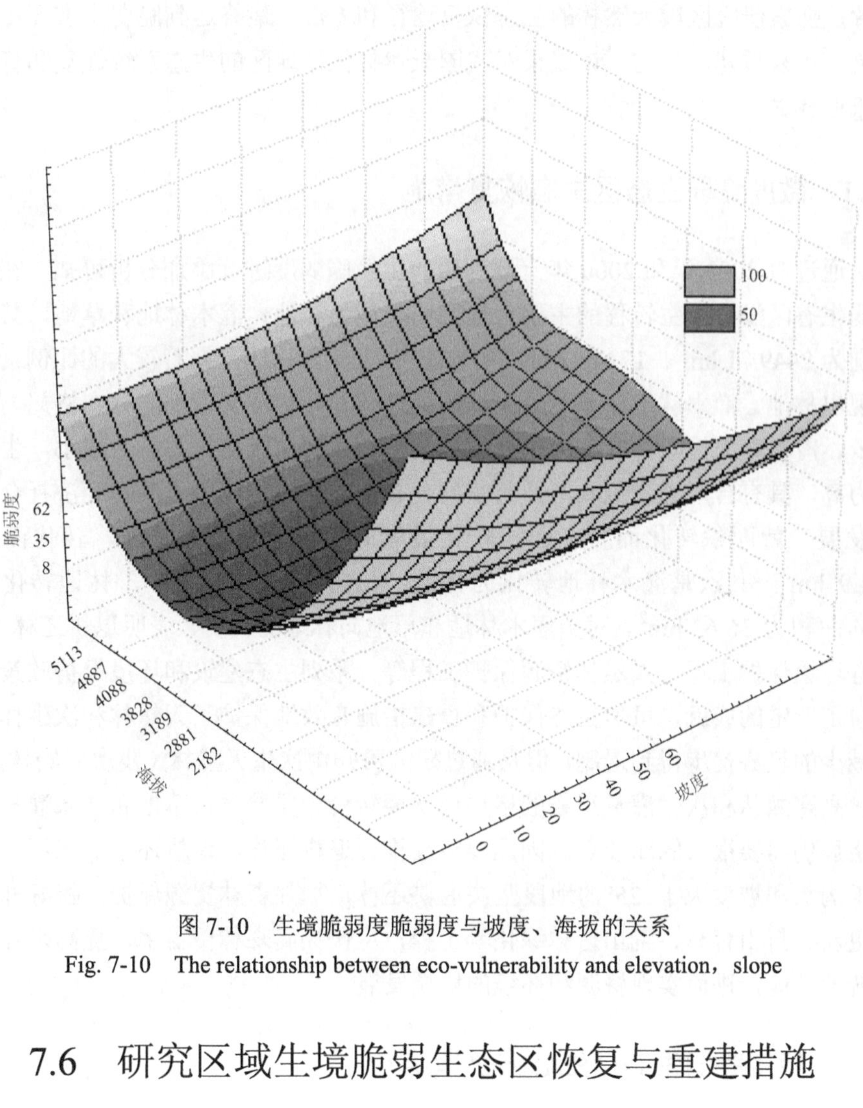

图 7-10 生境脆弱度脆弱度与坡度、海拔的关系

Fig. 7-10 The relationship between eco-vulnerability and elevation，slope

7.6 研究区域生境脆弱生态区恢复与重建措施

本文在生态脆弱度评价基础，将 2001 年和 2006 年的土地利用变化进行叠加，探讨不同生境脆弱区下的土地利用格局及其变化趋势，进而研究不同脆弱度区域的生态恢复和生态重建，由于研究区域的生态脆弱度问题是自然与人为共同作用的结果，因而生态恢复措施应以自然作用为主，必须通过技术和管理手段的实施，调控人类经济社会活动，保护和建设并重，建立以生态恢复重建为目的区域优化

配置，探索研究区域天然林的生态恢复途径和方法，最终达到脆弱生态环境综合整治、恢复重建的目的，该成果对我国天然林保护地区的生态系统恢复和管理具有重要意义。

7.6.1 微度脆弱生态区生态恢复措施

通过对 2001 年和 2006 年土地利用和生境脆弱度进行叠加分析可知，在微度脆弱生态区没有发生转移的主要土地利用类型为林地、灌木林地和草地，其面积分别为 2449.71 hm^2、1724.22 hm^2 和 1333.71 hm^2，林地占据着较大的比例，依然呈现出林地、灌木林地和草地为主体的针叶林和针阔混交的空间分布格局，林地以云、冷杉寒温性暗针叶林为主要植被类型，表明该区域生态压力很小，生态承载力高，具有合理的资源利用及其空间分布，能够实现环境资源和经济社会的协调发展。就面积转化而言，面积转化最大的为草地转变为林地，转化面积为 234.9 hm^2，其次是灌木林地转化为林地，其面积为 113.4 hm^2，林地转化为草地的面积为 36.63 hm^2。对于灌木林地和草地向林地的转变，表明退耕还林工程、生态环境保护工程、天然林资源保护工程等一系列生态建设和环境保护政策已经取得了一定的成就，虽然生态保护和重建措施有效地保护了天然林和次生林，森林减少的趋势初步得到遏制，但是通过研究可知由次生天然林（残次原始林）、草地、高寒灌丛和次生灌丛组成的格局现状要转变为原始林、草地和高寒灌丛为主的格局仍需要很长的路要走。因此要继续推行退耕还林、退耕还草的工程，特别对于沟头和坡度大于 25°的地段坚决退耕还林，加强森林资源保护，搞好林地抚育更新、封山育林、荒山造林绿化等工程，尽快提高森林覆盖率，提高森林生态系统的功能，进而实现资源和环境的协调发展。

7.6.2 轻度脆弱生态区生态恢复措施

轻度脆弱生态区没有发生转移的主要土地利用类型为林地、草地和灌木林地，其面积分别为 41 976.54 hm^2、17 555.49 hm^2 和 14 224.23 hm^2，林地占据着较大的比例，但是该区域的土地利用格局稍稍发生了一定的变化，呈现出林地、草地和灌木林地为主体的阔叶、针阔混交的空间分布格局，耕地和水域在该地带的也占据了一定的比例，没有发生转移的面积分别为 316.98 hm^2 和 342.54 hm^2，发生面积最大的转移类型为灌木林地转变为林地，其面积为 1829.96 hm^2，但林地转化为灌木林地的面积仅为 6.03 hm^2，其次是林地转化为草地，其面积为 67.50 hm^2，再次是草地转化为林地，面积为 14.67 hm^2，耕地转化林地的面积为 11.25 hm^2，此外研究区域的未利用地也占据了一定的比例，主要是一些弃耕地和部分荒山荒地。对于该区域而言，其景观结构处于草地–灌木林地–林地等交错的亚高山草甸灌丛带的格局现状，灌木林地向林地转移的面积要远大于林地向灌木林地转移的面积，呈现了灌木林地向林地的正向演替过程。因此，还要认真贯彻执行国家退耕还林还草政策，逐渐恢复森林和草地，禁绝毁林（草）开荒，减少破坏行为、改造部分灌丛地和加大采用乔灌草相结合种植结构等，建立乔、灌、草结合的多层复合结构的植物群落，同时还要积极推广水源涵养林、水土保持林的营造技术，促使其进行正向自然的演替。在保护环境的前提下发展经济，应根据治理区的地形、地貌、气候条件及土壤类型，宜林则林。宜果则果，宜牧则牧，但由于随着半农半牧区和山地游牧区人口的增长和牲畜数量的增加，如薪材供应、放牧牛羊等问题依然存在，因此要集中连片片发展规模薪炭林，采用短轮伐期的萌生矮林作业的经营方式为主，协调好当地居民的取薪材问题和天保工程政策的关系。

7.6.3 中度脆弱生态区生态恢复措施

中度脆弱生态区没有发生转移的主要土地利用类型为林地、灌木林地、草地和未利用地，其面积分别为 22 517.19 hm^2、27 591.66 hm^2、10 668.42 hm^2 和 2172.33 hm^2，灌木林地占据着较大比例，其次是林地，呈现出灌木林地、林地和草地为主体的空间分布格局，其中林地向灌木林地转移的面积为 1540.71 hm^2，是发生面积最大的转移类型，而灌木林地向林地转移的面积仅为 5.22 hm^2，逆向演替的数据要远远大于正向自然演替的结果，归因于低海拔区域云冷杉林采伐后自然演替为落叶阔叶灌丛，后逐步演替为落叶阔叶林、针阔混交林等[102]，由于受到人为强烈干扰，特别是在农村居民点附件，作为薪柴随意砍伐，阔叶林退化为落叶阔叶灌丛，而在中高海拔区域由于云冷杉被采伐后，采伐迹地来不及人工更新，就被萌发的草地和灌丛景观所代替，造成灌木林地面积大量增加。其次面积转移较大的草地转向未利用地，其面积为 91.35 hm^2，未利用地向林地转移的面积为 77.94 hm^2，处于第三的位置，从各地类之间的转换程度和转换规模来看，该生态区都远大于其他区域，主要归因于人类对自然的干扰范围越来越大，干扰强度也越来越深，使各类土地利用变化的频率加快且转换呈现复杂化，且呈现出“灌木林地–林地–草地–未利用地”这样的亚高山灌丛草被交错格局，处于暗针叶林林和高山草甸矮生草被演替的过渡地段，作为自然演替选择的一种植被类型，具有一定的生态价值，一旦遭到破坏，灌丛持续逆向演替，退化为有刺杂灌丛，形成以灌丛和草本为主的阶段，结果造成水源涵养能力降低，水土流失增强，生境恶化，生物多样性减少[102]。此外，由于该区域未变化的耕地面积为 326.78 hm^2，在中度脆弱生态区域中的也占据一定的比例，是坡耕作现象较为严重的地段，表明了区域经济活动比较频繁，人为活动对自然生态系统的影响程度加深，其主要的表现为：①大量农作物顺坡种植和陡坡垦殖方式加剧了水土流失；②草场超载过牧，加剧了草场的退化、沙化；③农牧民薪柴的消耗量巨大，“人口–资源–环境”之间的矛盾非常突出，如果不限制人为活动，在外界的干扰下，容易发生生态问题，促使中度脆弱生态区向重度生态区转变，加剧了生态脆弱度，生态环境恶化。因此，要实施人类合理的保护，并通过一定的生态修复，使中度脆弱区向微度转变，能够恢复到原有的生态功能状态，首先要引导农牧民改变生计方式，使农牧民的生计不再依赖于开垦耕地、砍伐灌木林、放牧牲畜，减少和杜绝陡坡耕作；其次是依旧采用生态保护和生态恢复的措施，如禁止放牧、禁止毁灌开垦和其他破坏行为、改造部分灌丛地和加大采用乔灌草相结合种植结构等[102]，促使其进行正向自然的演替；最后要加强森林资源保护，搞好林地抚育更新、封山育林、荒山造林等工程，尽快提高森林覆盖率，但注意区域生态重建不能忽视当地农牧民的生计问题。

7.6.4 重度脆弱生态区生态恢复措施

该区域未发生转移的主要地类为草地、灌木林地和林地，其面积分别为 16 181. 10、13 582.71 和 7635.06 hm^2，未利用地和耕地也占据较大的比例，且面积达到了 6060.80 和 488.97 hm^2，此外未发生转移的居民地和水域也占据一定的比例。未发生转移的耕地面积在该脆弱生态区的面积最大，面积为 488.97 hm^2，未转移的未利用地的面积也较大，仅次于极度脆弱生态区。草地向灌木林地转化的面积为 388.80 hm^2，处于第一位，其次是林地转化为草地，面积为 60.48 hm^2，除此之外，其他地类的转换面积较小，且转化规模小。由于草地、灌木林地在本区域占据较大的面积比例，形成草地–灌木林地–林地–未利用地相互交错的高山草甸矮生草被格局现状，且草地多处于高海拔的地区，气候严寒，草地生态系统相对脆弱，加之草地利用不合理、管理不善等人为因素，生态环境遭受破坏，草地退化、沙化等现象日益突出，生态功能弱化严重，因此对于不同区域的草地采用不同的生态恢复措施。

对于低海拔、坡度较小的区域而言，草地转化为灌木林地为主要转化类型，由于该区域一般是人为干扰最为集中的地区，土地受到人类干扰比较明显，分布在河谷地带的草地受到陡坡开荒、过度放牧等，导致天然植被彻底破坏，植被中喜湿成分减少，干旱草地向河谷两侧沿坡面攀升扩展[183, 184]，加剧生境退化，草地枯萎退化为灌丛草地。在中海拔区域，分布着大面积的草地，但草地呈现大面积的退化、沙化，草层高度降低，草甸总的可食生物量下降。同时，据社会调查资料表明，草地中优良牧草比重显著减少，有毒有害和无用草渐成优势种群，草地退化和沙化日趋严重，导致草地生产力大为降低，整体质量下降。农户在亚高山草甸和疏林草甸放养猪对草甸产生了一些毁灭性退化，草甸表土裸露并且迅速裸沙化，在四川的金川县就是典型具体的实例[169]。对于高海拔的脆弱度生态区，在外界的干扰情况下，高山草地逐步演化为退化高山草甸，在进一步演化为高山稀疏植被，最后变成裸地和裸崖地，很难对其进行生态恢复。因此，对于重度脆弱生态区域的生态恢复措施而言，在中低海拔区域，要强化退耕还林、还草的力度和加强草地建设与管理，对退化草地控制放牧及实施补播措施，特别对于坡度大于 25°的陡坡撂荒地，要严格限制其人为的干扰活动，通过人工干预和天然更新的方式，促使其逐步演替草甸和灌丛，此外该脆弱生态区除了实施天保工程、封山育林等措施外，还应尽快采取积极有效措施，同时要从草地承载力出发，采取封育、建设围栏草场和人工草地等方式、协调畜草矛盾，增加对草场建设的投入，合理引入优良牧草，特别是豆科牧草，提高单位面积产草量，实现草地系统的可持续利用[169]；对由于高海拔的草地而言，由于随着海拔的升高，降水量下降，生态环境比较脆弱，如果继续受到外来的干扰，促使高山草甸向高山流石滩植被演变，逐步演变为不稳定的高山流石滩稀疏植被[102]，很难通过人为抚育措施使其回到原始的景观状态，因此对该区域要减少人为的干扰，促使高山草甸形成相对稳定的群落[185, 186]。

7.6.5　极度脆弱生态区生态恢复措施

同其他脆弱生态区相比，该生态区的土地利用格局发生很大的转变，其中未发生转移的主要地类为未利用地、草地、灌木林地和林地，其面积分别为 11 398.14 hm^2、6444.90 hm^2、5010.12 hm^2 和 2461.14 hm^2，可见未利用地和草地占据较大比例，形成未利用地–草甸–灌丛–林地相互交错的荒山稀疏植被景观格局。其中未发生转移的耕地也占一定比例，其面积为 70.65 hm^2，主要是一些陡坡旱地和撂荒地，其中未利用地和草地之间的转换为该区域的转变类型，未利用地转换为草地的面积为13.37 hm^2，而草地转未利用的面积仅为3.51 hm^2，此外耕地与未利用地转化林地的面积分别为1.8 hm^2和1.17 hm^2，虽然该两种地类的转换面积较小，但是表明区域生态环境趋于一定的好转，再次体现了“天保”工程和退耕还林（草）等生态防护工程推行后所取得的成就，但是其他地类之间的转化很少。由于该区域的未利用地主要是终年被积雪覆盖，形成冻土层，或者呈现大片的裸露岩石，立地条件差，土壤贫瘠，水土流失严重，是大型滑坡、泥石流频发地段，生态功能很脆弱，生态环境比较恶劣，生态功能不完善且自我修复能力特别弱，因此对于该区域生态恢复措施除了采取封山育林、减少外来的干预，促使其自然演替外，还要加强对其管理，对一些宜林地段要强化人工更新，把人工更新与天然更新相结合，避免未利用地的进一步扩大，探索和完善该地带的生态恢复和生态重建的措施。

此外，除了落实上述的各项生态保护措施外，还要逐步实施生态补偿制度，提高当地政府和民众进行生态保护的积极性，其具体措施如下。

（1）由于研究区域位于长江上游，是我国长江上游重要的水源涵养、水土保持和生物多样性保护的生态屏障。因此逐步建立下游地区对该区域的生态补偿制度，恢复该区的森林植被，改善恶劣的生态环境，对促进岷江流域的经济发展、社会稳定、维持生态平衡等具有十分重要的现实意义，同时也对长江中下游地区带来很大的生态效益。

（2）在坚持做好天然林资源保护工程的基础上，落实国家和省内关于天然林保护、退耕还林还草等重点生态环境保护与建设工程的地方财政、农牧民的各项补贴和优惠政策。

（3）扩大国家、地方和其他承担资金来源，建立资金筹集和投放体系，建立生态建设基金和基金投放体系，通过税收建立生态补偿基各国际组织、企业和个人共同制定生态恢复目标，并把相关法律、法规，将生态建设纳入法制化轨道。

本章小结

本章对研究区域县生态脆弱度进行了较为全面的评价，探讨生态脆弱度在空间上的分布趋势，在此基础上，探讨不同脆弱生态区的生态恢复与重建。得出以下结论。

（1）杂谷脑河流域生态脆弱度评价，可以划分为 5 个等级，依次分别为：*EVI* 低于 25 为微度脆弱，其所占的面积比例为 2.7040%；*EVI* 在 26~40 为低度脆弱，其面积比例为 36.0134%；*EVI* 在 41~55 为中度脆弱，面积比例为 29.8752%；*EVI* 在 56~70 为高度脆弱，面积比例为 19.5512%；*EVI* 高于 70 为极度脆弱，面积比例为 11.8562%，其中微度和低度脆弱区所占比例之和仅为 38.7174，说明区域生态系统总体运行状态一般，且有 31.4074%左右的面积属于重度和极度脆弱区，表明生态环境问题依然严峻，气候干燥、土壤贫瘠、干旱缺水和地质灾害频发是其脆弱性生态环境形成的自然基础，人类活动加剧，不合理放牧和大量垦荒是生态脆弱性进一步加剧的重要人为因素。

（2）现有的生态脆弱度评价，几乎都是单向性的，没有对评价结果进行独立的验证，在查阅文献的基础上，本文创造性地提出了生态脆弱度评价结果的验证方法，通过网格的中心点提取平均盖度和环境脆弱度评价值，对两者进行回归分析，研究两者之间的关系，该结果表明植被指数决定了大于 3/4 左右的生态脆弱性区域，从某种意义上讲区域植被覆盖度很大程度上可以决定着一个地区的生态脆弱度，通过研究植被覆盖度与生态脆弱度之间的这种关系，为我们提供了根据植被指数来验证生态脆弱度评价结果的可能性，表明评价结果能够较好地反映研究区域生态脆弱度的实际情况。

（3）对不同海拔、坡向生境脆弱度的三维趋势面模型的分析可知，生境脆弱度较低的区域集中在半山高半山区域，在海拔 3400~3800 m 是其主要的分布区；其次是河谷区，在该区域随着海拔的升高，脆弱度呈现减少的趋势；在亚高山区和高山区，随着海拔的升高，脆弱度呈现增加的趋势。各海拔带生境脆弱度随坡向的变化不是特别明显，总体上是呈现缓慢增加的趋势。

（4）生态脆弱度在坡度方向呈现“∪”变化曲线，而在坡向方面呈现缓慢递增的趋势，生态脆弱度较低的区域主要集中分布于坡度在 21°~42°和坡向在 60°~160°的交叉区域，坡度在 42°~90°，随着坡度的增加，生态脆弱度呈现增加的趋势；坡度范围在 60° ~90°，随着坡向的增大，*EVI* 呈现“∪”变化曲线，生境脆弱度在阳坡和半阳坡（180°~210°）较小，而在阴坡和半阴坡（28°~80°和 320°~360°）较大。

（5）生态脆弱度在高程方面呈现“∪”变化曲线，而在坡度方面呈现弧度较大的下降圆弧曲线，生态脆弱度较低的区域主要集中分布于坡度在 21°~42°的半山半高山区。

8 结论与讨论

岷江上游是四川省乃至西部地区重要的生态屏障，天然林资源保护工程的重点实施区域和长江上游的生态屏障，且长期以来人类不合理的资源开发和利用方式造成人口–资源–环境之间的矛盾日益突出，成为区域经济社会发展的主要限制性因子，造成生态环境脆弱化且已危及到长江流域的生态安全。基于此背景下，本文以岷江上游干旱河谷–杂谷脑河流域为研究对象，借助空间信息技术（RS、GIS 和 RS），以 1980~2006 年四期遥感数据为主要数据源，结合地形分析，从时间序列上和空间尺度上对研究区域的土地利用及其景观格局进行了深入分析，运用土地利用图谱模型对土地利用类型的数量变化、时空演变过程和空间转移规律进行了剖析，在此基础上，对研究区域开展生态环境脆弱性的评价研究，探索生境脆弱区域的生态恢复途径和方法，以期为研究区的生态保护和可持续发展提供理论基础和科学建议，对该区域生态环境的恢复与重建、流域可持续发展等方面具有重要的战略意义。本文的结论如下。

1. 结论

（1）研究区域内各景观类型面积、斑块数量与优势度分布不均衡，差异明显。区域自然景观（森林景观、草地、灌木林地、岩石裸露地等）占绝对主导地位，面积总和均达到 90%以上，而半自然景观、人为景观（采伐迹地、农地、居民地等）占据较小的比例，说明杂谷脑河流域以自然景观主导区域景观格局特征，人为景观则明显处于支配地位。

（2）1980~2006 年杂谷脑河流域的土地利用类型变化表现为林地和未利用地面积减少；灌木林地、草地、耕地、居民地和水域面积增加的态势，林地面积减少的最大，未利用地面积减少的最小；灌木林地面积增加的最大，水域面积增加的最小。

（3）采用 5 km×5 km 的格网作为统计单元，并在 ArcGIS 的支持下，对土地利用综合程度按自然断裂法（natural break）进行空间聚类，获取其空间分布格局，土地利用综合程度较高的区域主要在杂谷脑河流域沿岸的区域，归因于区域气候适宜，适宜人口生存，人类的干扰程度较大，呈现出不同土地利用兼备的格局现状。

（4）林地的重心坐标变化相对较为复杂，变化趋势为高纬度–低纬度–高纬度；草地重心坐标由低纬度向高纬度转变，高海拔梯度的分布频率逐渐增加；灌木林地的重心坐标由纬度区域向高纬度、高海拔区域转变，变化较为曲折性；未利用地的重心坐标由高纬度低海拔区域向低纬度高海拔区域转变。

（5）河谷区（1980~2001 年）形成“森林–耕地–水域”等交错的区域景观格局；2006 年形成“森林–灌木林地–耕地”等交错的区域景观格局；半高山区主要形成“森林–灌木林地–草地”等交错的亚高山针叶林带景观格局；半高山半山区主要形成“草地–灌木林地–林地”等交错的亚高山灌丛草甸带景观格局，该地带是森林景观向草地景观的过渡地带；高山区主要形成“草地–未利用地–林地”等交错的高山草甸带景观格局。

（6）居民地在各个坡度分区上都有分布，主要集中分布在平坡上，水域主要集中分布在平坡区域，居民地和水域都是在无坡向区域的面积达到最大；林地和灌木林地都是在陡坡上处于优势地位，林地主要分布于半阳坡和半阴坡区域，灌木林地在阳坡上的分布比阴坡偏多，草地的分布刚好相反，且草地和灌木林地在坡向上的分布差异明显。

（7）1980~2006 年稳定型图谱单元在各类变化模式图谱单元中占比例较大，占研究区总面积的 92.5245%，面积最大的图谱变化模式为“林地–林地–林地–林地”；前期变化型次之，变化面积 6758.28 hm^2，占研究区总面积的 3.1005%，面积比例最大的变化模式是“林地–灌木–灌木–灌木”；后期变化型面积比例最大的变化模式是“林地–林地–林地–灌木”；中间过渡型面积最大的变化模式是“林地–林地–灌木–灌木”；反复变化型面积变化类型比例最大的变化模式是“林地–灌木–草地–林地”；持续变化型是面积最小的图谱单元，其面积最大变化模式是“未利用地–草地–灌木林地–林地”，形成“草地–灌木林地–林地”等交错的亚高山灌丛草甸带的格局现状。

（8）粒度效应的研究所采用的 7 个景观指标中：斑块数量、斑块边界密度、斑块形状指数、斑块分离度、景观斑块密度和景观斑块聚集度有明显的粒度效应，它们随粒度的增加表现出有规律的变化趋势；其中斑块数量、斑块分离度和景观斑块密度在 80~150 m 出现粒度突变效应，而斑块边界密度、形状指数和景观的聚集度没有出现粒度突变效应；景观多样性指数在这次研究中没有出现明显的粒度效应，对粒度变化的敏感程度较低。

（9）林地景观的聚集度最大，分离度最小，其次是草地，表明林地在所有景观类型中集中分布程度最高，构成了区域的控制性景观，草地在所有景观类型中集中分布程度较高，构成了区域的主要景观类型；水域景观的聚集度指数最小，分离度较大；居民地的分维数最小。

（10）聚集度指数呈逐年减少的趋势，蔓延度的指数呈逐年增加的趋势，且平均斑块面积减小，区域景观破碎化程度加剧，结果造成景观多样性、景观均匀度呈现递增，景观优势度减小，景观多样性和优势度两指数呈负相关，景观多样性和均匀度两指数基本上呈正相关，反映了各景观类型所占比例差异减小，而且景观类型组成成分分布较均匀，景观类型的分布由集中趋向分散交错，景观斑块分布的均匀程度较大，景观的完整性减弱，连通性降低，景观的异质性增强。

（11）草地与未利用地作为研究区内面积比例较大的景观组分类型，其保留率一直较高；林地和灌木林地具有较高的转入率和转出率，转入率要大于转出率，且双向变化最剧烈；水域保留率高的原因主要是受林区深切峡谷的地形庇护；居民地等更容易受到人为的影响，其保留率得以维持或快速变化。

（12）从预测的面积来看，居民地面积一直呈现增加的趋势，耕地和未利用地呈现减少的趋势，草地、林地和水域呈现先减少而后增加的趋势，灌木林地呈现先增加而后减少的趋势，表明经过 18 年的恢复，人工林和次生天然林的逐步演替，其生物量将会增长，其生态屏障功能，如水源涵养、水土保持、径流调节、生物多样性保护等也将逐步恢复，区域生态环境的质量得到了好转，再次表明天然林的生态恢复是一个很缓慢的过程。

（13）计算土地利用变化的终极状态概率，并将其换算为各用地类型占地面积，本文首次将终极状态概率和 CA-Markov 相结合，创造性地对研究区域的土地利用进行模拟和预测，其最终结果表明：耕地、灌木林地和未利用地面积呈现减少的趋势，灌木林地和未利用地减少的幅度远大于耕地，草地和林地的面积呈现增加的趋势，林地增加的幅度较大，水域的面积基本上没有发生太大的变化。

（14）强度侵蚀的主导植被类型是耕地和草地，中度侵蚀区域集中分布在灌木林地地带，轻度侵蚀和微度侵蚀的主导植被类型是落叶阔叶林和针阔混交林，其中微度侵蚀主要集中分布于灌木林地，无侵蚀和微度侵蚀的主要植被类型是针叶林。总体而言，从控制土壤侵蚀强度的能力大小看：针叶林＞落叶阔叶林＞针阔混交林＞灌丛＞草地＞农用地。

（15）杂谷脑河流域生态脆弱性评价，可以划分为五个等级，依次分别为：*EVI* 低于 25 为微度脆弱，其所占的面积比例为 2.7040%；*EVI* 在 26~40 为低度脆弱，其面积比例为 36.0134%；*EVI* 在 41~55 为中度脆弱，面积比例为 29.8752%；*EVI* 在 56~70 为高度脆弱，面积比例为 19.5512%；*EVI* 高于 70 为极度脆弱，面积比例为 11.8562%，其中微度和低度脆弱区所占比例之和仅为 38.7174，说明区域生态系统总体运行状态一般，且有31.4074%左右的面积属于重度和极度脆弱区，表明生态环境问题依然严峻，气候干燥、土壤贫瘠、干旱缺水和地质灾害频发是其生态脆弱性形成的自然基础，人类活动加剧，不合理放牧和大量垦荒是生态脆弱度进一步增加的重要人为因素。

（16）现有的生态脆弱度评价，几乎都是单向性的，没有对评价结果进行独立的验证，在查阅文献的基础上，本文创造性地提出了生态脆弱度评价结果的验证方法，通过网格的中心点提取平均盖度和生态脆弱度指数，对两者进行回归分析，研究两者之间的关系，该结果表明植被指数决定了大于 3/4 左右的生态脆弱性区域，从某种意义上讲区域植被覆盖密度很大程度上可以决定着一个地区的生态脆弱度，通过研究植被覆盖度与生态脆弱度之间的这种关系，为我们提供了根据植被指数来验证生态脆弱度评价结果的可能性，表明评价结果能够较好地反映研究区域生态脆弱性实际情况。

（17）对不同海拔、坡向生境脆弱度的三维趋势面模型的分析可知，生境脆弱度较低的区域集中在半山高半山区域，在海拔 3400~3800 m 是其主要的分布区；其次是河谷区，在该区域随着海拔的升高，脆弱度呈现减少的趋势；在亚高山区和高山区，随着海拔的升高，脆弱度呈现增加的趋势。各海拔带生境脆弱度随坡向的变化不是特别明显，总体上是呈现缓慢增加的趋势。

（18）生境脆弱度在坡度方向呈现“∪”变化曲线，而在坡向方面呈现缓慢递增的趋势，生境脆弱度较低的区域主要集中分布于坡度在21°~42°和坡向在60°~160°的交叉区域，坡度在42°~90°，随着坡度的增加，生境脆弱度呈现增加的趋势；坡度范围在60°~90°，随着坡向的增大，*EVI*呈现“∪”变化曲线，生境脆弱度在阳坡和半阳坡（180°~210°）较小，而在阴坡和半阴坡（28°~80°和320°~360°）较大。

（19）生境脆弱度在高程方面呈现“∪”变化曲线，而在坡度方面呈现弧度较大的下降圆弧曲线，生境脆弱度较低的区域主要集中分布于坡度在21°~42°的半山半高山区。

2. 讨论

（1）该论文完成对岷江上游生境生态脆弱性评价研究，虽然取得了一些创新性进展，但还有许多问题没有涉及。例如，生境脆弱区的形成机制与时空演变规律等问题。生态脆弱度是经过长期的人类活动和自然因素共同作用下形成和发展的生态复合系统产物，涉及自然、社会、经济政策等各个方面，其中主要包括自然因素中地形、土壤和气候，人为因素中土地利用、耕垦和过牧等，这些因素都深刻影响到生态脆弱性的形成及加剧，需要大量真实、完整、实效的资料数据才能分析得到杂谷脑河流域脆弱性生态环境的形成机制和主导因素，在今后的研究中，需要在更加充分认识其自然综合因素的基础上，综合考虑社会人文因子的可调控性，通过构建生态脆弱度定量分析模型，系统地定量揭示生态脆弱度的时空分布与形成机制、演化规律及发展趋势，更好地为岷江上游地区生态环境的恢复与重建提供更为切实可靠的科学依据。

（2）岷江上游脆弱性生境是一个复杂的物质体系，因此，在未来的研究中，应把最新的空间信息技术应用、系统科学、环境科学、生态科学、生态修复科学等的新理论与生态脆弱性研究结合起来，实现对研究区域主要生态因子的动态监测，主要包括土地沙化、草地退化、河岸侵蚀等环境问题，通过生态脆弱性定量分析模型，建立流域生态脆弱性监测信息系统，实现对流域生态脆弱性研究的信息收集、处理、分析、查询、预测及管理，从而针对性和有效性实现草、灌、乔的合理配置，进一步提高治理生态脆弱的可行性和科学性，从而降低生态脆弱度，协调生态–经济–社会发展，为流域生态环境治理方案的制订提供决策依据，以促进流域的持续发展。

参 考 文 献

[1] 乔青. 川滇农牧交错带景观格局与生态脆弱性评价. 北京：北京林业大学博士论文，2007.

[2] 王成. 局地土地利用变化及景观格局研究——以重庆市沙坪坝区为例. 重庆：西南大学博士论文，2007.

[3] 刘京涛. 岷江上游植被蒸散时空格局及其模拟研究. 北京：中国林业科学研究院博士论文，2006：1~2.

[4] 严代碧. 岷江上游干旱河谷区退化植被特征及其恢复重建的研究. 北京：北京林业大学博士论文，2006：2~4.

[5] 刘茹，张晶晶，雷蕾. 岷江上游生态脆弱性的模糊评价. 资源开发与市场，2006，22（6）：500~533.

[6] 叶正伟. 基于生态脆弱性的淮河流域水土保持策略研究. 水土保持通报，2007，27（3）：141~145.

[7] 周毅，李旋旗，赵景柱. 中国典型生态脆弱带与贫困相关性分析. 北京理工大学学报，2008，28（3）：260~262.

[8] 邬建国. 景观生态学——概念与理论. 生态学杂志，2000，19（1）：42~43.

[9] 李娟娟. 上海城市景观格局演变及其生态安全影响研究. 上海：复旦大学博士论文，2007.

[10] 缪宁. 川西亚高山红桦-岷江冷杉天然次生林的空间格局分析. 北京：中国林业科学研究院博士论文，2009.

[11] 高凯. 多尺度的景观空间关系及景观格局生态效应的变化研究. 武汉：华中农业大学博士论文，2010.

[12] 徐广才，康慕谊，贺丽娜，等. 生态脆弱性及其研究进展. 生态学报，2009，29（5）：2578~2580.

[13] 邓向瑞. 北京山区景观格局格局及其尺度效应研究. 北京：北京林业大学博士论文，2007：2~4.

[14] 王景伟，王海泽. 景观指数在景观格局描述中的应用——以鞍山大麦科湿地自然保护区为例. 水土保持研究，2006，13（2）：230~231.

[15] 赵福强，代力民，于大炮，等. 长白山露水河林业局森林景观格局动态. 应用生态学报，2010，21（5）：1180~1184.

[16] 刘宇，吕一河，傅伯杰. 景观格局——土壤侵蚀研究中景观指数的意义解释及局限性. 生态学报，2011，31（1）：267~275.

[17] 万荣荣，杨桂山. 太湖流域土地利用与景观格局演变研究. 应用生态学报，2005，16（3）：475~476.

[18] 张志明，罗亲普，王文礼. 2D 与 3D 景观指数测定山区植被景观格局变化对比分析. 生态学报，2010，30（21）：5886~5893.

[19] 马燕飞，沙占江，郭丽红，等. 基于 NDVI 及 DEM 的青海湖北岸景观格局空间自相关分析. 遥感应用，2010，6（10）：95~119.

[20] 王瑶，刘前进，于兴修. 沂蒙山区土壤侵蚀垂直景观格局的分形特征. 农业工程学报，2010，26（11）：304~309.

[21] 李玉凤，刘红玉，郑囡，等. 基于功能分类的城市湿地公园景观格局——以西溪湿地公园为例. 生态学报，2011，31（4）：1021~1028.

[22] 张盼盼，胡远满，肖笃宁，等. 地形因子对喀斯特高原山区潜在石漠化景观格局变化的影响分析. 土壤通报，2011，41（6）：1305~1310.

[23] 赵冰，张杰，孙希华. 基于 GIS 的淮河流域桐柏-大别山区生态脆弱性评价. 水土保持研究，2009，16（3）：135~138.

[24] 樊哲文，刘木生，沈文清. 江西省生态脆弱性现状 GIS 模型评价. 地球信息科学学报，2009，11（2）：202~208.

[25] 宋国利，李玉宝，付春雷，等. 基于 RS 与 GIS 的乐清湾湿地景观格局变化分析. 东北林业大学学报，2010，38（12）：80~83.

[26] 周永娟，仇江啸，王姣，等. 三峡库区消落带生态环境脆弱性评价. 生态学报，2010，30（24）：6727~6728.

[27] 付博，姜琦刚，任春颖，等. 扎龙湿地生态脆弱性评价与分析. 干旱区资源与环境，2011，25（1）：50~52.

[28] 万星，周建中，丁晶，等. 岷江上游生态脆弱性综合评价的集对分析. 中国农村水利水电，2006，12：33~39.

[29] 孔博，陶和平，李爱农，等. 汶川地震灾区生态脆弱性评价研究. 水土保持通报，2010，30（6）：180~181.

[30] 卢冬爱，谈树成，夏既胜. 基于景观格局和水土流失敏感性的大理市生态脆弱性分析. 云南地理环境研究，2009，21（2）：92~96.

[31] 李滨勇，陈海滨，唐海萍，等. 基于 AHP 和模糊综合评判法的北疆各地州生态脆弱性评价. 北京师范大学学报（自然科学版），2010，46（2）：197~201.
[32] 戴其文，赵雪雁. 生态补偿机制中若干关键科学问题——以甘南藏族自治州草地生态系统为例. 地理学报，2010，65（4）：495~505.
[33] 乔青，高吉喜，王维，等. 生态脆弱性综合评价方法与应用. 环境科学研究，2008，21（5）：117~123.
[34] 王丽婧，席春燕，付青，等. 基于景观格局的三峡库区生态脆弱性评价. 环境科学研究，2010，23（10）：1269~1270.
[35] 余坤勇，刘健，黄维友，等. 基于 GIS 技术的闽江流域生态脆弱性分析. 江西农业大学学报，2009，31（3）：568~573.
[36] 蔡海生，刘木生，陈美球，等. 基于 GIS 的江西省生态环境脆弱性动态评价. 水土保持通报，2009，29（5）：190~196.
[37] 李红丽，智颖飙，张荷亮，等. 新疆生态足迹与环境压力的时空分异. 生态学报，2010，30（17）：4676~4684.
[38] 周彬，余新晓，陈丽华，等. 北京山区森林景观格局与环境关系的 CCA 研究. 水土保持通报，2010，30（6）：148~152.
[39] 刘宏文. 山西省庞泉沟森林群落特征与景观格局特征分析的研究. 北京：北京林业大学博士论文，2007：1~2.
[40] 姚建，张军，朱莞. 岷江上游生态脆弱性驱动力分析. 资源开发与市场，2007，23（11）：977~982.
[41] 郝璐，王静爱，张化. 北方草地畜牧业生态系统健康综合评价与诊断. 生态学报，2008，28（4）：1456~1465.
[42] 邱彭华，徐颂军，谢跟踪，等. 基于景观格局和生态敏感性的海南西部地区生态脆弱性分析. 生态学报，2007，27（4）：1257~1264.
[43] 彭立，苏春江，徐云，等. 岷江上游生态环境现状、存在问题及治理对策. 江西农业大学学报（社会科学版），2007，6（1）：80~84.
[44] 余姝萍，刘国东，吴媛，等. 岷江上游日径流过程分维分析及其生态脆弱性表征. 西南民族大学学报（自然利学版），2005，31（1）：80~84.
[45] 宫兆宁，张翼然，宫辉力. 北京湿地景观格局演变特征与驱动机制分析. 地理学报，2011，66（1）：77~88.
[46] 刘艳芬，张杰，马毅. 1995~1999 年黄河三角洲东部自然保护区湿地景观格局变化. 应用生态学报，2010，21（11）：2904~2911.
[47] 刘世荣，孙鹏森，罗传文，等. 岷江上游生态水文图集. 北京：中国地图出版社，2008.
[48] 史培军，宫鹏，李晓兵，等. 土地利用/覆盖变化研究的方法与实践. 北京：科学出版社，2000.
[49] 刘纪远. 中国资源环境遥感宏观调查与动态研究. 北京：中国科学技术出版社，1996.
[50] 杜培军. 遥感原理与应用. 北京：中国矿业大学出版社，2006.
[51] 梅安新，彭望禄，秦其明，等. 遥感导论. 北京：高等教育出版社，2001.
[52] 章孝灿，黄智才，赵元洪. 遥感数字图像处理. 杭州：浙江大学出版社，1997.
[53] 张永生. 遥感图像信息系统. 北京：科学出版社，2000.
[54] 姜小光，干长耀，王成. 成像光谱数据的光谱信息特点及最佳波段的选择——以北京顺义区为例. 干旱地区研究，2000，23（3）：214~220.
[55] 刘建平，赵英时. 高光谱遥感数据解译的最佳波段选择方法研究. 中国科学院研究生院学报，1999，6（2）：153~161.
[56] 鲍文东. 基于 GIS 的土地利用动态变化研究. 济南：山东科技大学博士论文，2007.
[57] 李虎杰. 岷江上游生态环境建设与经济可持续发展. 四川环境，2001，20（4）：51~56.
[58] 刘洋. 峨江源头区植被景观与流域土城怪蚀的动态相关性. 成都：中国科学院成都生物研究所博士论文，2007.
[59] 何国金，李克鲁，胡德永，等. 多卫星遥感数据的信息融合：理论、方法与实践. 中国图像图形学报，1999，7（9）：744~750.
[60] Liu J G . Smoothing filter-based intensity modulation：a spectral preserve image fusion techninue for improving

spatial details. International Journal of Remote Sensing，2000，21（18）：3461~3472.
[61] 贾凌，都金康，赵萍，等. 基于TM的海南省土地利用/覆盖动态变化的遥感监测与分析. 国土资源遥感，2003，（1）：22~26.
[62] 孙家柄，舒宁，关泽群. 遥感原理，方法和应用. 北京：测绘出版社，1997.
[63] 朱述龙，张占睦. 遥感图像获取与分析. 北京：科学出版社，2000.
[64] 许榕峰. 基于遥感的龙海市土地利用变化动态监测与专题研究. 福州：福州大学硕士论文，2003.
[65] Congalton R G. A review of assessing the accuracy of classification of remotely sensed data. Remote Sensing of Environment，1991，37：35~46.
[66] Lucas I F，Frans J M，Wel V D. Accuracy assessment of satellite derived land-cover data：a review. Photogrammetric Engineering & Remote Sensing，1994，60（4）：410~432.
[67] 王妍. 基于DEM的地形信息提取与景观空间格局分析. 重庆：西南大学硕士论文，2007.
[68] Miller C，La Flamme. The digital terrain model-theory and application. Photogrammetric Engineering，1958，（24）：433~442.
[69] Makarovic B. Progressive sample for DTM. ITC Jounal，1973，4：397~416.
[70] 黎景良，后斌，危双峰，等. 基于DEM的广东省山区土地利用变化分析. 测绘通报，2007，（6）：53~57.
[71] Tang G A. A research on the accuracy of DEM Beijing. New York：Science Press，1996.
[72] Ebish K. Effect of digital elevation resolution on the properties of contours. Technical Paper，ASP-ACSM Fall Convention，1984，4：424~434.
[73] Hannah M. Error detection and correction in digital terrain models. Photogrammetric Engineering and Remote sensing，1981，47（1）：36~69.
[74] 张云红，王道杰，江晓波，等. 岷江上游土地利用变化及其对生态环境的影响. 西南大学学报（自然科学版），2010，32（3）：102~107.
[75] 亓兴兰. 基于3S技术闽江流域土地利用演化及其空间格局过程研究. 福州：福建农林硕士大学，2006.
[76] 杨丽，谢高地，甄霖，等. 径河流域土地利用格局的时空变化分析. 资源科学，2005，27（4）：27~32.
[77] 朱会义，李秀彬，何书金，等. 环渤海地区土地利用的时空变化分析. 地理学报，2001，56（3）：253~260.
[78] 王秀兰. 包玉海. 土地利用动态变化研究方法探讨. 地理科学进展，1999，18（1）：81~87.
[79] 于兴修. 中尺度流域土地利用灌被变化及其水环境效应研究——以太湖上游西苕溪流域为例. 南京：中国科学院南京地理与湖泊研究所博士学位论文，2003.
[80] 郑国强. 基于RS的无锡市土地利用/覆被变化信息提取及其时空演变研究. 南京：南京大学博士学位论文，2004.
[81] 刘纪远，布和敖斯尔. 中国土地利用变化现代过程时空特征的研究——基于卫星遥感数据. 第四纪研究，2000，2（3）：229~239.
[82] 刘庆. 亚高山针叶林生态学研究. 成都：四川大学出版社，2002.
[83] 张明阳，王克林，刘会玉，等. 喀斯特生态脆弱区桂西北土地变化特征. 生态学报，2009，29（6）：3106~3116.
[84] 刘耀林，焦利民. 顾及尺度效应和景观格局的土地利用数据综合指标研究. 测绘学报，2009，38（6）：549~554.
[85] 王思远，刘纪远，张增祥，等. 中国土地利用时空特征分析. 地理学报，2001，56（6）：631~639.
[86] 朱会义，李秀彬. 关于区域土地利用变化指数模型方法的讨论. 地理学报，2003，58（5）：643~650.
[87] 樊玉山，刘纪元. 西藏自治区土地利用. 北京：科学出版社，1994.
[88] 任志远，张艳芳. 土地利用变化与生态安全评价. 北京：科学出版社，2003.
[89] 钟成. 集成LiDAR和遥感影像生成高质量真正射影像研究. 测绘学报，2011，40（1）：132
[90] 向双. 岷江上游干旱河谷葡萄的土宜和生态布局研究. 雅安：四川农业大学，2002.
[91] 樊宏. 岷江上游近50年土地覆被的变化趋势. 山地学报，2002，20（1）：64~69.
[92] 沈泽昊，岳超，赵俊，等. 南水北调中线水源区土地利用/土地覆被的空间格局. 地理学报，2006，61（6）：633~644.
[93] 李增加，马友鑫，李红梅，等. 西双版纳土地利用/覆盖变化与地形的关系. 植物生态学报，2008，32（5）：1091~1103.
[94] 赖长鸿. 基于GIS的川西道孚林区森林景观格局研究.雅安：四川农业大学，2006.

[95] 焦超卫，赵牡丹，汤国安，等. 基于 GIS 的植被空间格局特征与地形因子的相关关系. 水土保持通报，2005，25（6）：19~23.

[96] Buheaosier，Liu J Y. Study on land cover change in China based on seasonal and longitudinal characteristics using-remote sensed data. Asahikaw：IGU-LUCC Press，1997，20~24

[97] 谢高地. 人口增长胁迫下的全球地利用变化研究. 自然资源学报，1999，14（3）：233~241.

[98] 王良健，包浩生. 基于遥感和 GIS 的区域土地利用变化的动态监测研究. 经济地理，2000，20（2）：47~50.

[99] Lucas J F J. Accuracy assessment of satellite derived land cover data：a review. PE&RS，1994，60（4）：410~432.

[100] Taylor J C，Brewer T R，Bird A C. Monitoring landscape change in the national parks of England and Wales using aerial photo interpretation and GIS. Int. J. Remote Sensing，2000，21（13）：2737~2752.

[101] Mas J F. Monitoring land-cover changes. /nt. J. Remote Sensing，1999，20（1）：139~152.

[102] 龚文峰. 基于 RS 和 GIS 松潘地区天然林景观动态过程与分类研究. 哈尔滨：东北林业大学博士论文，2007.

[103] 廖克. 地球信息图谱与数字地球. 地理研究，2001，20（1）：55~61.

[104] 叶庆华，刘高焕，陆洲，等. 基于 GIS 的时空复合体——土地利用图谱模型研究方法. 地理科学进展，2002，21（4）：349~357

[105] 张国坤. 新开河流景观格局动态变化及图谱分析. 长春：东北师范大学博士论文，2008.

[106] 姚建. 峨江上游生态脆弱性分析及评价. 成都：四川大学博士论文，2004.

[107] 包维楷，张镱锂，王乾，等. 大渡河上游林区森林资源退化及其恢复与重建. 山地学报，2002，20(2)：194~198.

[108] 阎建忠，张镜铿，刘林山，等. 基于植被演替的土地覆被变化研究——大渡河上游的森林采伐、更新和退化. 中国科学 D 辑，地球科学，2005，35（11）：1060~1073.

[109] Forman R T T. Some general principles of landscape and regional ecology. Landscape，1995，10（3）：133~142.

[110] Soberg S，Jain A K，Taxt T. Multisource classification of remotely sensed data：fusion of landsat TM and SAR images. IEEET ransactionon Geoscience and Remote Sensing，1994，32（4）：768~778.

[111] Pan D Y，Domon G，Marceau D，et al. Spatial pattern of coniferous and deciduous forest patchesin an Eastern North America agricultural landscape：the influence of land use and physical amibutes. Landscape Ecoloav，2001，16：99~110.

[112] Tumer M Q，Ruseher C L. Changes in land sea Pe patterns in Georgia，USA. Land sea Pe Eeol，1988，1(4)：241~251.

[113] Tumer M G . Land sea peeh an gesinni erural counties of Georgia. Photogra Eng Remote Sensing，1990，56：379~386.

[114] 郭晋平，王俊田，李世光. 关帝山林区景观要素沿环境梯度分布趋势的研究植物. 生态学报，2000，24(2)：135~140.

[115] 郭晋平，薛俊杰，李志强，等. 森林景观恢复过程中景观要素斑块规模的变化. 生态学报，2000，20（2）：218~223.

[116] 钱乐祥，陶黎新. 福建森林植被景观空间格局分异研究. 热带地理，1997，17（4）：397~404.

[117] Ehrlich D，Lambin E F. Broad scale land-cover classification and internal climatic change. International Journal of Remote Sensing，1996，17：845~862.

[118] 王让会，张慧芝，游先祥，等. 塔里木河流域生态景观格局的遥感信息提取与分析. 北京林业大学学报，2003，25（2）：43~47.

[119] 毕晓丽，周睿，刘丽娟，等. 径河沿岸景观格局梯度变化及驱动力分析. 生态学报，2005，25（5）1041~1048.

[120] 贾宝全，王国柱，慈龙骏. 景观格局分布特征的区域差异分析——以鄂尔多斯高原伊金霍洛旗为例. 干旱区研究，2003，20（3）：168~174.

[121] 马媛，师庆东，潘晓玲. 西部干旱区生态景观格局动态分析. 干旱区地理，2004，27（4）：516~519.

[122] 熊金国，王世新，周艺，等. 利用景观格局指数的空间分辨率对水域面积提取影响的分析. 武汉大学学报（信息科学版）2011，36（1）：98~103.

[123] 杨德伟，张云红，王道杰，等. 岷江上游土地利用的时空分异. 山地学报，2009，27（5）：579~584.

[124] 高小红，王一谋，杨国靖. 基于 RS 与 GIS 的榆林地区景观格局动态变化研究. 水土保持学报，2004，18(1)：168~171.

[125] 角媛梅，马明国，肖笃宁. 黑河流域中游张掖绿洲景观格局研究. 冰川冻土，2003，25（1）：94~99.

[126] 徐达. 中山陵景区 SPOT5 融合及分类技术研究. 南京：南京林业大学硕士论文，2005.
[127] 史培军，潘耀忠，陈晋，等. 深圳市土地利用/覆盖变化与生态环境安全分析. 自然资源学报，1999，14（4）：293~299.
[128] 陈利顶，傅伯杰，王军. 黄土丘陵区典型小流域土地利用变化研究. 地理科学，2001，21（1）：46~51.
[129] Turner B L，Skole D，Sanderson S，et al. Land-use and land-cover change：science/research plan. IGBP Report No. 35，HDP Report No. 7，IGBP and HDP，Stockholm and Geneva，1995.
[130] 倪绍祥. 土地利用/覆被研究的几个问题. 自然资源学报，2005，20（6）：932~937.
[131] 邬建国. 景观生态学——格局、过程、尺度与等级. 北京：高等教育出版社，2000.
[132] Turner M G，Gardner R H，O'Neill R V. Landscape ecology：theory and practice. New York：Springer-Verlag，2001.
[133] 赵晶. 上海城市土地利用与景观格局的空间演变研究. 上海：华东师范大学博士论文，2005.
[134] 赵文武，傅伯杰，陈利顶. 景观指数的粒度变化效应. 第四纪研究，2003，23（3）：326~333.
[135] 曾辉，高凌云，夏洁. 基于修正的转移概率方法进行城市景观动态研究——以南昌市区为例. 生态学报，2003，23（11）：2201~2209.
[136] 刘殿伟. 过去 50 年三江平原土地利用/覆盖变化的时空特征与环境效应. 长春：吉林大学博士论文，2006.
[137] 孙武，南忠仁. 生态脆弱带内部空间分异结构与脆弱度划分. 生态学报，2002，22（4）：445~451.
[138] Naveh Z，Liebervan A S. Landscape ecology theory and application. New York：Springer-Verlag，1984.
[139] Iverson L. Land-use changes in Dlinois，USA：the influence of landscape attributes on current and historic land use. Landscape Ecology，1988，2：45~62.
[140] 肖寒，欧阳志云，赵景柱，等. 海南岛景观空间结构分析. 生态学报，2001，21（1）：20~26.
[141] 刘学录. 盐化草地景观中的斑块形状指数及其生态学意义. 草业科学，2000，17（2）：50~56.
[142] Clarke K C. Loose-coupling growth prediction for International Journal of Geographical a cellular automation model and GIS：Long-term urban growth prediction for San Francisco and Washington/Baltimore. 1998，（53）：293~308.
[143] 李吉英. 基于 GIS 的土地利用变化及驱动力研究. 哈尔滨：东北农业大学硕士论文，2006.
[144] Voinov A，Costanza R，Wainger L，et al. Patuxent landscape ecological and economic modeling of awater-shed. Environ Mod Soft，1999，14：473~491.
[145] De Koning G H J，Verburg P H，Veldkamp A，et al. Multi-scale modeling of land use change dynamics in Ecuador. Agric Syst，1999，61：77~93.
[146] 杨莉. 基于系统动力学和元胞自动机的土地利用结构优化研究——以贵州省黔西县为例. 贵阳：贵州大学硕士论文，2009.
[147] 李景刚，何春阳，史培军，等. 中国北方未来土地利用变化情景模拟. 地理学报，2004，59（2）：274~282.
[148] 刘继生，陈彦光. 基于 GIS 的细胞自动机模型与人地关系的复杂性探讨. 地理研究，2002，21（2）：155~162.
[149] Deng X Z，Su H B，Zhan J Y. Integration of multiple data sources to simulate the dynamics of land systems . sensors，2008，（8）：620~634.
[150] 邓祥征，林英志，黄河清土地系统动态模拟方法研究进展. 生态学杂志，2009，28（10）：2123~2129.
[151] 魏云洁，甄霖，邓祥征，等. 中国生物能源政策情景对土地利用格局的影响. 资源科学，2009，31（4）：552~558.
[152] Luijten J C. A systematie method for generating land use patterns using stoehastie rulesand basie landseape characterlsties：result 5 for a colombian hillside watershod. Agrieulture Ecosystem S & Environment，2003，（95）：427~441.
[153] 刘耀林，刘艳芳，张玉梅. 基于灰色-马尔柯夫链预测模型的耕地需求量预测研究. 武汉大学学报（信息科学版），2004，29（7）：575~579.
[154] 熊利亚，常斌，周相广，等. 基于地理元胞自动机的土地利用变化研究. 资源科学，2005，27（4）：38~39.
[155] Costantiti M，Farina A，Zirilli F. The fusion of different resolution SAR images. Proceedings of the IEEE，1997，85（1）：139~145.

[156] 侯西勇，常斌，于信芳. 基于 CA-Markov 的河西走廊土地利用变化研究. 农业工程学报，2004，20(5)，28~19.
[157] 杨国清，刘耀林，吴志峰. 基于 CA-Markov 模型的土地利用格局变化研究. 武汉大学学报，2007，32（5）：414~418.
[158] 高志强，刘纪远. 基于遥感和 GIS 的中国土地潜力资源的研究. 遥感学报，2000，4（2）：136~140.
[159] 汪雪格. 吉林西部生态景观格局变化与空间优化研究. 长春：吉林大学博士论文，2008.
[160] 刘琼，欧名豪，彭晓英. 基于马尔可夫过程的区域土地利用结构预测研究——以江苏省昆山市为例. 南京农业大学学报，2005，25（3）：107~112.
[161] 贾科利. 基于遥感、GIS 的陕北农牧交错带土地利用与生态环境效应研究. 杨凌西北农林科技大学博士学位论文，2007.
[162] 朱德举. 土地评价. 北京：中国大地出版社，2002.
[163] 黄跃进，唐锦春，孙柄楠. 基于 GIS 的农用地土地适宜性评价模型的建立. 浙江林学报，1999，16(4)：406~408.
[164] 陈健飞，刘卫民. Fuzzy 综合评判在土地适宜性评价中的应用. 资源科学，1999，21（4）：71~74.
[165] 宋如华，齐实，孙保平，等. 区域土地资源的适宜性评级和空间布局. 土壤侵蚀与水土保持学报，1997，3（3）：23~30.
[166] 廖和平. 未利用适宜性评价方法研究——以攀枝花市仁和区为例. 西南大学学报（自然科学版），1997，22（2）：199~205.
[167] Clarke K C，Gazulis N，Dietzel C K，et al. A decade of sleuthing：lessons leamed from applicarions of a cellular automation land use change model. *In*：Fisher P F. Classics from IJGIS：twenty years of the internation journal of geographica information science and systems. Boca Raton，FL：CRC Press，2006.
[168] 史忠植. 高级人工智能. 北京：科学出版社，1998.
[169] 胡广录，赵文智，刘鹄. 内陆河小流域综合治理对景观格局的影响——以童子坝河流域为例. 中国沙漠，2010，30（6）：1398~1404.
[170] 包维楷，吴宁. 滇西北德钦县高山、亚高山草甸的人为干扰状况及其后果. 中国草地，2003，25（2）：1~8.
[171] 谢尚春，刘慧，王海涛，等. 岷江上游生态安全综合评价. 安徽农业科学，2010，38（11）：5807~5809.
[172] 赵兵. 岷江上游城镇脆弱性生态环境的敏感性分析与灾后重建. 西南民族大学学报（自然科学版），2009，35（1）：165~169.
[173] 王瑞燕. 县域尺度环境脆弱性演变及其土地利用/覆盖效应. 泰安：山东农业大学博士论文，2009.
[174] 王万忠，焦菊英. 中国的土壤侵蚀因子定量评价研究. 水土保持通报，1996，16（5）：1~20.
[175] 王万忠，焦菊英，赫小品. 中国降雨侵蚀力 R 值的计算与分布. 水土保持学报，1995，9（4）：5~18.
[176] 王听，岷江上游泥石流活动的分布特征研究，重庆师范学院学报，2000，17（4）：87~93.
[177] 唐晓春. 川西北山地的泥石流活动与水土流失. 水土保持学报，1991，5（4）：18~23.
[178] 谢强. 岷江上游地区生态环境现状遥感解译分析. 四川环境，2002，21（1）：51~54.
[179] 冶民生，关文彬，谭辉，等. 岷江干旱河谷灌丛多样性分析. 生态学报，2004，24（6）：1123~1130.
[180] 叶延琼，樊宏，陈国阶. 岷江上游土地退化及其防治对策. 水土保持通报，2002，22（6）：56~70.
[181] 岳书平，张树文，闫业超，等. 公主岭市土地利用变化的生态效应研究. 资源科学，2006，28（6）：161~166.
[182] 魏琦. 北方农牧交错带生态脆弱性评价与生态治理研究——以内蒙古林西县为例. 北京：中国农科院研究生院博士论文，2010.
[183] 王兮之，陆龙，梁钊雄. 青海涅水流域植被覆盖度时空变化分析. 水土保持研究，2010，17（6）：172~175.
[184] 吴宁，刘照光. 青藏高原东部亚高山森林草甸植被地理格局的成因探讨. 应用与环境生物学报，1998，4(3)：290~297.
[185] 包维楷，陈庆恒，陈克明. 岷江上游干旱河谷植被恢复环境优化调控技术研究. 应用生态学报，1999，10(5)：542~544.
[186] 岳书平，张树文，闫业超，等. 东北典型农区土地利用变化的生态效应研究——以公主岭市为例. 干旱区资源与环境，2007，21（7）：64~68.